中职学生
安全教育知识读本

ZHONGZHI XUESHENG ANQUAN JIAOYU ZHISHI DUBEN

主　编　赵仕民　洪传胜　陈小强

副主编　程玉蓉　赵衔夙　张志琴　曾光杰

编　者　周晓红　吴仕荣

重庆大学出版社

图书在版编目（CIP）数据

中职学生安全教育知识读本 / 赵仕民，洪传胜，陈
小强主编. —重庆：重庆大学出版社，2015.11（2022.8重印）
ISBN 978-7-5624-9559-8

Ⅰ.①中… Ⅱ.①赵…②洪…③陈… Ⅲ.①安全教
育—中等专业学校—教材　Ⅳ.①X925

中国版本图书馆CIP数据核字（2015）第272842号

中职学生安全教育知识读本

主　编　赵仕民　洪传胜　陈小强
副主编　程玉蓉　赵衔夙　张志琴　曾光杰
策划编辑：陈一柳
责任编辑：陈　力　文　鹏　　版式设计：陈一柳
责任校对：张红梅　　　　　　　责任印制：赵　晟

*

重庆大学出版社出版发行
出版人：饶帮华
社址：重庆市沙坪坝区大学城西路21号
邮编：401331
电话：（023）88617190　88617185（中小学）
传真：（023）88617186　88617166
网址：http://www.cqup.com.cn
邮箱：fxk@cqup.com.cn（营销中心）
全国新华书店经销
POD：重庆新生代彩印技术有限公司

*

开本：787mm×1092mm　1/16　印张：13　字数：245千
2015年11月第1版　　2022年8月第7次印刷
ISBN 978-7-5624-9559-8　定价：35.00 元

P前言reface

　　青年是祖国的未来、民族的希望。青年学生步入高一级学校后，身、心、智、能各个方面都进入了迅速成长和发展阶段，但由于他们尚未进入社会，安全意识相对薄弱，自我防范知识欠缺，以致在遭遇安全问题时不知所措，个人、群体的人身安全易受到侵害，造成难以挽回的损失。学生的身心健康是政府关注、学校关心、师生关切的大事，生命财产安全是各级教育主管部门和学校的政治责任。作为教育者，我们有义务采取多种形式的教育举措，进一步推进学生的安全教育工作，不断提高学生的安全防范意识和避险自救能力，为学生的成长、成才提供保障。为此，我们组织具有丰富教育教学和学生管理经验的教育工作者编写了本书。

　　通过本书的学习，使学生了解生命的意义、价值和社会责任，爱惜生命是国民意识和公民道德的基本要求，促进身心健康，预防和治疗心理疾病，规避生命安全受到不法侵害和意外伤害，有针对性地提高生命的质量和保障自身安全的技能，提高自身素质。

　　本书针对职业院校学生安全教育工作的实际编写，涵盖了新时期安全教育内容的各个方面，主要包括校园安全、实训安全、交通安全、消防安全、遵纪守法、预防犯罪、网络安全、预防艾滋病和远离毒品、自然灾害的防范、其他安全等许多方面的内容。本书内容丰富，形式活泼，既突出知识性、科学性，又强调趣味性、实践性。遵循了校本教材编写的科学性、时代性和实用性原则，注意做到知识性和趣味性相结合、理论和实践相结合、正面点拨和反面警示相结合、读书学习和体验探究相结合，内容翔实，可操作性强，是开展学校安全教育的珍贵教材。

本书在编写过程中，由多位在教学一线和学生管理一线的领导及经验丰富的教师参与了编审工作，在此，向他们表示诚挚的感谢！本书主编赵仕民、洪传胜、陈小强，副主编程玉蓉、赵珩夙、张志琴、曾光杰，编者周晓红、吴仕荣。其中，赵珩夙编写第一章校园安全；张志琴编写第二章食品安全及常见疾病及其预防；周晓红编写第三章心理安全与社会适应；吴仕荣编写第四章网络安全；洪传胜编写第五章交通安全；陈小强编写第六章消防安全；洪传胜编写第七章社会安全；曾光杰编写第八章职业安全；程玉蓉编写第九章自然灾害。全书由洪传胜、吴仕荣统稿；吴孟飞主审，在此深表感谢。

由于编者水平和实践经验有限，书中难免存在不足之处，敬请读者谅解并给予指正。在此，我们表示深深的谢意。

编　者

2015 年 10 月 13 日

目 录
CONTENTS

第一章

校园安全

第一节　体育活动安全

案例1　张某是某职业中学会计专业2013级的学生,平时热爱运动,经常打乒乓球、篮球和跑步等。2014年10月9日上午上第三节体育课时,张某没有做完体育老师安排的热身运动就跑到篮球架前开始运球投篮。几个回合以后,张某突然大叫一声,捂住右手臂且表情非常痛苦。同学们看见后,急忙扶住张某,经过老师询问和初步检查,确诊为手臂肌肉拉伤。

案例2　小洁和小欣是某职业中学学前教育专业2014级的学生,进入中专以后,两人都积极参加各项活动,以锻炼能力。在2014年12月初,两人都参加了校冬季运动会100米短跑项目。在比赛前的一天,天空飘着小雨,地面湿滑,小洁和小欣突然想比试一下谁跑得更快,就不顾同学劝阻,还请同学当裁判,当指令一发的时候,两人都迫不及待地冲了出去,结果小洁在弯道的时候双手扑地摔倒了,后来到医院检查,确诊为手腕骨折。经过医院的治疗,大概两个月才恢复健康。

案例3　2012年3月,某中学学生小新在打篮球中场休息时,同学发现其脸色发白,精神很不好,同学叫他休息,但他拒绝了,又打了一会儿篮球。下课后,他告诉同学他回寝室睡一会儿,结果刚离开操场就晕倒了,再也没有抢救过来,经查是心脏骤停。

案例思考

①你认为案例1中导致张某手臂肌肉拉伤的原因是什么？读完这个故事,对你有什么启示?

_____

_____

_____

_____

②你认为案例 2 中小洁摔倒的原因是什么？应怎样避免？

③你认为案例 3 中小新为什么会晕倒？假如你是小新的同学，你该怎么做？

案例分析

　　通过以上 3 个案例，我们对体育活动安全已有了一些了解。每个同学对自身的身体安全都不陌生，也很重视，但往往忽视了老师的叮嘱和科学的指导，片面地认为自己没问题。你会问，体育课有老师啊，还有什么需要注意的呢？动作老师都教了的，还看着呢，再说从小跳到大也没出什么问题啊。抱着这样的心态，很多同学在体育课和活动中忽视自身的身体状况，不去考虑环境因素，一味地按照习惯去做，结果造成了身体上的伤害。在上述案例中，张某多次打篮球都没有受伤，但却在一次缺乏热身训练的投篮中造成了肌肉拉伤，如果他能认真按照老师的安排做就可避免，或者重视运动的常识也不会使自己受伤。小洁和小欣如果不在湿滑的地面比赛跑步也可以避免摔倒。

安全预防

　　中职生的体育课是体育教学的基本组织形式，其主要目的是使学生掌握体育与保健基础知识，以及基本技术、技能，实现学生思想品德教育，提高运动技术水平。体育活动则是为了锻炼学生体能，提高身体素质而进行的体育运动，是体育课的延伸，包括跳绳、跑步、接力跑等。

因体育课和体育活动的特殊性，故其具有危险性、实践性、复杂性和对抗性等特点，就需要同学们在体育运动中注意下述几点。

①入学要体检，平时也要定期进行体检。体检是了解自己健康状况的必要手段。为了自己的健康和安全，一定要客观掌握自己的身体状况，不能向老师隐瞒自己的病史。

②在体育课和活动中，按要求着装，听从体育老师的教学安排，要在老师的指导下完成运动。如自主活动，则要在老师的允许下进行。

③不要因减肥、练肌肉等原因在缺乏指导的情况下进行超负荷运动。

④在活动中如有身体不适，要及时向老师或者同学提出来，或到医院就诊，不可盲目坚持。

⑤在每次运动时，养成观察天气和场地以及运动设施的好习惯，不在条件不成熟的时候运动。

知识拓展

在体育活动中，时常会发生一些不同程度的损伤事故。按被损伤的性质区分，常见的损伤有骨折、脱位、闭合性软组织损伤（包括关节韧带、肌肉和肌腱扭伤、撕裂和拉伤等）、开放性软组织损伤（如擦伤、刺伤），其中以闭合性软组织损伤最为常见。

一旦发生损伤事故，当事者一定要镇静，在场的同学要发扬友爱和人道主义精神，及时处置。在这一过程中应该掌握下述几点原则。

①消除紧张和顾虑，积极进行急救。

②如有大量出血和休克现象，应首先止血和抗休克。

③在不明伤情时，切忌毫无急救常识地实施拉、扯、复位等处置，以免加重伤情。

④尽快护送伤者到医院。为帮助医生了解受伤经过及病情，应将受伤及急救情况告诉医生。

学以致用

2014年8月，我校新生报到军训。在军训第5天，某专业的小浩同学告诉班主任，他的脚疼，不能训练了。在班主任的询问下，小浩才说出实情，原来他的脚在半年前骨折过，刚恢复。为了参加军训，锻炼自己的意志，向老师隐瞒了这个情况，但军训几天后旧伤复发，实在坚持不了。你认为小浩该参加军训吗？为什么？

_____

_____

_____

_____

_____

①体育活动一定要在科学的指导下适当进行，听从老师意见。

②同学们如患有疾病，则要听从医嘱，根据自身机能情况量力而行。特别是患有器质性心脏病，肺结核，哮喘病，严重支气管炎，急、慢性肝炎、肾炎，急性胃炎、肠炎、肺炎、咽喉炎，感冒发热者都不宜剧烈运动，要停止剧烈运动或上体育课，以利身体康复，防止发生事故。

③如有不适，及时报告老师或者就医。

第二节　课外活动安全

案例导入

案例1　李某是某职业中学计算机专业2011级的学生，2012年4月的一个周末，李某和同学多人一起到南滨路骑自行车。南滨路周末游玩的人很多，车辆也多，李某和同学一起在路上骑行，结果被后方驶来的一辆雪佛兰轿车撞倒，送到医院检查为脑部重伤。

案例2　小丽是某校2009级财会专业的学生，为人诚实，品行端正，吃苦耐劳。在2011年4月离校实习时，老师考虑到小丽家境困难，需要补贴家用，为小丽联系了一家高尔夫球场当球童的工作。在通过面试后，小丽非常高兴，于是和同学一起到江南体育馆滑冰，结果摔倒了，造成右手小手臂骨折，须休息半年。于是，她失去了球童这份实习工作。

案例3 某校2013级某班的同学喜欢在教室里追逐打闹。2014年11月的一天晚自习，同学们都在认真看书复习准备考试，小刚却无所事事，想着找点乐事打发时间。他用手套在同学小晶眼前摇晃，小晶不理睬，他又在小容面前摇晃，小容就和他打闹起来，追逐了多个回合以后，小刚抓住了小容的围巾，小容感觉喘不过气来，生气地拿起扫帚打向小刚的头，结果小刚的额头血流不止，后来在医院缝了3针，还差点伤到眼睛。

案例思考

①你认为案例1中李某应怎样避免发生意外？如果是你，你会怎么做？

_____

_____

_____

_____

_____

②你认为案例2中小丽因骨折丢掉工作遗憾吗？应怎样避免？

_____

_____

_____

_____

③你认为案例3中小刚受伤的根本原因是什么？假如你是小容，你会怎么做？

_____

_____

_____

_____

_____

案例分析

通过以上 3 个案例，我们对课外活动安全有了一些了解。同学们在校学习期间，有很多时间是在课余，可以自己安排时间。什么时候学习，到哪里去玩，要做什么事情，都有着自主性。在这个过程中，我们不能忽视安全问题。案例告诉我们在活动时要注意交通安全，不能到危险的地方进行活动，不进行危险的体育活动，不在不该活动的地方活动。

安全预防

课外活动是培养全面发展人才的不可缺少的途径，是课堂教学的必要补充，是丰富学生精神生活的重要组成部分。课外活动又可分为校内活动和校外活动，主要包括学科活动、科技活动、社会活动、文学艺术活动、文娱体育活动和劳动技术等。课外活动具有很高的自主性，其形式具有很大的灵活性，内容具有很强的实践性。因其为课外活动，就需要同学注意以下几点：

①遵守交通规则，外出行走时一定要看红绿灯，走斑马线，靠近人行道内侧行走。不乘坐车况不好的出租车或黑车。

②不得在教室、楼梯、过道内追逐打闹。

③在进行危险和剧烈运动时要做好防护措施，注意自我保护，不得伤害他人。

④组织或参加大型课外活动要考虑安全因素和预案。

⑤遵守活动规则和秩序。

> **知识拓展**
>
> 常见的课外活动有：参加社团，踢足球、打橄榄球和篮球，棋艺、画画、弹琴，烹饪，社交礼仪，设计，摄影，瑜伽等。学校建议学生听音乐、弹奏乐器、锻炼身体或看有益的电视纪录片、欣赏名画等，希望学生能根据自己的兴趣爱好，按照适合自己的节奏，循序渐进地提高自己，不断增长见识。

学以致用

2014 年 12 月 23 日，我校接到上级部门的紧急通知。12 月 24 日是平安夜，根据往年的经验判断,当天会有大量人群涌进各大商圈,引发交通堵塞,再考虑到其他不稳定因素,故要求所有大、中学生待在学校,不能到商圈参加庆祝活动。我校有4 000多名同学,还是有80多名同学出去参加了庆祝活动。为此,你怎么看?

_____

_____

_____

_____

_____

_____

_____

!!! 安全提醒

①课外活动坚持学生上报原则、老师指导原则、谨慎参与原则。

②参加积极健康、有利于身心发展的活动。

③控制经费,节约为本,量力而行。

第三节　防止踩踏事故

案例导入

案例1　涪陵某中学踩踏事故

2014年12月8日8时30分,重庆涪陵区百胜镇丛林九年制学校举行升旗仪式,其中30余名学生在教学楼一楼和二楼之间的转台处发生拥挤,导致部分学生受伤。事故发生后,学校立即通知120急救车,于10时30分前陆续将22名受伤学生送到涪陵中心医院检查医治。经初步检查,有5名学生受伤较重,但生命体征平稳,暂无生命危险，其余17人留院观察。重庆涪陵区委、区政府采取系列措施进行处置，要求医院开通"绿色通道"，做好受伤学生救治和善后处理工作，及时查明事故原因。同时，涪陵区政府相关部门已成立医疗专家组，全力救治受伤学生；组织22个工作组，分赴各中小学、幼儿园开展安全隐患排查；派出相关部门到学校开展事故原因调查；下发加强校园安保工作的紧急通知；看望慰问受伤学生及其家长。

案例2　上海外滩踩踏事件

2014年12月31日23时35分许，正值跨年夜活动，很多游客、市民聚集在上海外滩迎接新年，因黄浦区外滩陈毅广场进入和退出的人流对冲，致使有人摔倒，发生踩踏事件。截至2015年1月23日11点，事件造成36人死亡49人受伤。2015年1月21日，上海市公布"12·31"外滩拥挤踩踏事件调查报告，认定这是一起对群众性活动预防准备不足、现场管理不力、应对处置不当而引发的拥挤踩踏并造成重大伤亡和严重后果的公共安全责任事件，黄浦区政府和相关部门对这起事件负有不可推卸的责任。调查报告建议，对包括黄浦区区委书记周伟、黄浦区区长彭崧在内的11名党政干部进行处分。

案例思考

①你认为案例1中同学在楼梯转角处发生拥挤时该怎么办？

②你认为案例2中的惨剧应怎样避免？

案例分析

通过以上案例，我们了解了一些踩踏事故。我们惊讶于踩踏发生在不经意间，遗憾失去的年轻生命，更应重视在人群密集时应如何避免踩踏事件的发生。在上述案例中，有还没成年的小学生，也有名牌大学的大学生和已参加工作的人，为什么他们会在踩踏事故中受伤或者死亡？我们应怎样避免呢？

安全预防

踩踏事故，是指在聚众集会中，特别是在整个队伍产生拥挤移动时，有人意外跌倒后，后面不明真相的人群依然在前行，对跌倒的人产生踩踏，从而产生惊慌、加剧的拥挤和新的跌倒人数，并恶性循环的群体伤害的意外事件。造成踩踏事故的主要原因有4个：①人群较为集中时，前面有人摔倒，后面的人未留意，没有止步。②人群受到惊吓产生恐慌，如听到爆炸声、枪声，出现惊慌失措的失控局面，在无组织、无目的的逃生中，相互拥挤踩踏。③人群因过于激动（兴奋、愤怒等）而出现骚乱，易发生踩踏。④因好奇心驱使，专门找人多拥挤处去探明究竟，造成不必要的人员集中而发生踩踏。学校人群密集，容易发生拥堵，要特别注意踩踏事故的发生。

知识拓展

人体麦克风法自救方法：①迅速与周围人群简单沟通，让他们意识到有发生踩踏的危险，要他们迅速与你协同行动，采用人体麦克风法进行自救。②一起有节奏地呼喊"后退"（或"go back"）——你先喊"一、二"（或one,two），然后和周围人一起大声喊"后退"（或"go back"），如此有节奏地反复呼喊。③让更外围的人加入呼喊——在核心圈形成了一个稳定的呼喊节奏之后，呼喊者要示意身边的人一起加入呼喊，以此把呼喊声一直传递到拥挤人群的最外围。④最外围的人迅速撤离疏散——如果你是身处拥挤人群最外围的人，当你听到人群中传出有节奏的呼喊声（"后退"）时，你应该意识到这是一个发生踩踏事故的警示信号。此时你要立即向外撤离，并尽量让你周围的人也向外撤离，同时尽量劝阻其他人进入人群。⑤绝对不要前冲寻人，先要做对于亲人平安最有意义的事情——让更多的人尽快后撤疏散。

学以致用

四川某中学师生 1 分 36 秒集合完毕。

四川安县桑枣中学紧邻北川，在汶川大地震中曾遭遇重创，但由于平时的多次演习和师生的次序意识，地震发生后，全校 2 200 多名学生、上百名教师，从不同的教学楼和不同的教室中，全部按照平时演习的路线冲到操场，以班级为单位组织站好，用时 1 分 36 秒，无一伤亡，创造了一大奇迹。桑枣中学校长叶志平，从 2005 年开始，每学期都要在全校组织一次紧急疏散演习，工作做得非常仔细，每个班的疏散路线、楼梯的使用、不同楼层学生的撤离速度、到操场上的站立位置等，都事先固定好，力求快而不乱、井然有序。全校师生也严格按照演习方案遵照执行，在紧要关头保存了性命。你作为一名学生，能像桑枣中学的学生一样听从安排、遵守方案吗？

_____

_____

_____

_____

_____

_____

_____

安全提醒

①在参加大型活动、集会时遵守秩序，按主办方要求进出。

②不看热闹，尽量远离人群密集的场所，或减少逗留时间。

③节假日车站、景点、商场等公共场所人群易密集，要错峰出行。

第四节 设施安全

案例导入

案例1 某中学篮球架倒下砸死中学生。

2015年5月9日傍晚6点左右，巫溪县菱角中心校石安小学操场，白马中学的高一学生小郑与几个朋友在打篮球的过程中发生意外。小郑在扣篮后，手抓篮筐吊在上面，这时支撑篮筐的篮球架突然从根部断裂，随后篮筐直接将小郑压倒在地，小郑被第一时间送往医院，但经过抢救仍不治身亡。根据某网微信推送的一组现场照片，从出事的篮球架发生断裂的根部可以看到暗黄色的锈蚀痕迹；而据知情人士透露，该篮球架设置已有近10年了。

案例2 某职业学校二年级女生小兰为了方便，在厕所洗澡，但由于踩到了沐浴露滑倒，脚踩破便盆，被破碎的瓷片划伤，流血不止。后来在老师和医生的帮助下，将脚从便盆中取出并送医院治疗，经检查，脚部的筋腱断裂。

案例思考

①你认为案例1中的意外为什么会发生？

_____

_____

_____

_____

②你认为案例2中小兰为什么会被划伤？

_____

_____

_____

案例分析

以上案例中的篮球架和厕所都属于学校的公共设施（包括教学设施和生活设施），我们要了解学校公共设施的安全及使用，如教学楼晚熄灯时间为 21:30，熄灯后不得在宿舍使用大功率电器等。同学们在学习和生活的时候，除要按照设施的使用要求进行使用外，还要留意观察设施的状况并及时向老师报告。如果一时疏忽就可能会酿成不好的后果。案例 1 中小郑用手扣住篮球架属于不爱护公共设施的行为，再加上没有仔细观察篮球架的安全性能，导致了惨剧的发生。案例 2 中的小兰本应去澡堂洗澡，但却选择了在有便盆的厕所进行，而且对可能出现的湿滑摔倒估计不足，最终造成受伤。

安全预防

学校设施包括教学楼、宿舍、道路、体育场地和设备以及机房车间等，对于设施设备的使用，首先要遵循使用规范和使用时间，认真接受学校和老师对设施设备使用的教育，其次发现有同学不按规定使用要及时劝阻和报告老师，发现有设施设备存在安全隐患应及时反映并提醒同学注意，要具备高度的安全警惕意识。

知识拓展	有关设施安全知识的获得途径：
	①进校后，老师多次多角度的宣传强调。
	②同学、学长、学姐的经验交流。
	③报纸、新闻、微信等关于学校设施设备安全的消息。
	④做一个用心的学生，多看、多想、多观察。
	⑤树立安全意识，珍爱生命。

学以致用

2014 年 11 月的一个周六上午 11：00，某中职学校两名女同学在离开教学楼时发现走廊有一处电灯一直在闪烁，同时发出"嘶、嘶"的声音。因当天下雨，雨水飘到楼顶淋湿了电灯，还冒出白烟。两位同学正准备告诉老师，一名男同学便自告奋勇地说："小事，我来修一下。"就在这时，老师经过也发现了问题，制止了男同学，并报告了后勤部门，同时切断了整层楼的总电源。经电工查看，已有漏电现象，便立即展开了紧急维修。事后，老师表扬了3位热心的同学，但指出了男同学不妥的地方，即发现事故应该报告老师并由专业人员来维修，而不是轻率地自己维修，差点酿成大祸。对于此事，你有什么想法呢？

_____

_____

_____

_____

_____

_____

_____

_____

！！！安全提醒

①下雨天地面湿滑，行走在路上和出入教学楼、宿舍楼应小心慢行。

②不论课堂内外，远离设有警示标语的区域，不得翻越栏杆。

③教室的线板、电视等，应仔细观察，确定安全后再使用。

④对于寝室的门、窗、床铺等设施要注意保护，有问题及时告知管理员或老师。

⑤遵守学校关于设施设备的使用规定，有疑问时可以向老师询问。

第五节　防止校园暴力

案例导入

案例1　2014年9月的一天下午5：00，某中职学校值班老师接到同学电话，说在操场上有校外人员到学校殴打本校学生，值班老师和保安人员及时赶到现场，将正打成一团的3名校外女生和1名校内女生带到保卫处。经调查，3名校外女生为2014年从该校毕业的学生，因在学校贴吧暴露同学隐私被任管理员的校内女生提醒，3名女生不听劝阻，反而用脏话辱骂该管理员和其他劝阻的同学，该管理员随即按管理规定删掉了帖子。3名女生扬言要到学校找该管理员要一个说法，并打电话给这位女生约其见面。这位女生接到电话后没有告诉老师，而是直接到操场和3名女生理论，于是发生了抓扯。最后，因3名女生态度蛮横，非常嚣张，又是校外人员，学校报警后由派出所警察教育后带走。

案例2　2015年3月22日，某中职学校学前专业和机电专业的几名同学在操场玩真心话大冒险的游戏，机电专业一名男生小李输了后，他接到的任务是去拥抱旁边一个陌生同学小哲。小哲正和两名同学一起坐在操场休息聊天，小李走过去拥抱了一下小哲然后什么也没说就离开回到了游戏的圈子里。小哲产生了疑惑，来拥抱自己的是谁啊，为什么来抱自己呢？3人互相询问，都不认识，这时小哲和其同学就不高兴了，于是小哲的同学小龙就去问小李拥抱小哲是什么意思。在这个过程中，因双方态度不好，很快便引发了群殴，经同学们劝开后，又在宿舍相遇再次引发打架事件，更多的同学也参与了进去。学校领导和老师对参与打架的学生进行了批评教育，并分别给予双方主要人员留校察看、记过等处分。

案例思考

①你认为在案例1中，这位校内贴吧管理员的女生处理得对吗？换成你，从一开始会怎么做？

_____

_____

_____

_____

②你从案例2中得到了哪些启示？

_____

_____

案例分析

以上两个案例，一个是校外人员针对校内学生的暴力行为；另一个是校内同学之间的暴力行为，都属于校园暴力。近几年，校园暴力的现象越来越多，性质越来越恶劣，包括扒衣、扇耳光、殴打、恐吓、辱骂等，让人触目惊心，也给其他同学造成了心理阴影。校园暴力给学校的管理、学生的学习和家庭安定都带来了影响，受暴力影响的同学往往不能安心读书，甚至影响身心健康；实施暴力的同学则可能因暴力行为触犯法律，走进监狱。同学们该怎样预防此类行为的发生呢？

安全预防

国家对校园暴力的频繁发生已开始重视，也将从立法角度强制管理。作为学校也有相应的教育管理预防机制，并要求与家长密切联系，配合教育。同学们则要学习法律常识和自我保护意识与能力。

①学习了解刑法关于故意伤人、非法限制人身自由等规定；民法中关于借钱还钱等的规定。

②提高自我保护意识。如果遇事要及时告诉家长或者老师；受到暴力侵害时，立即采取灵活的应急措施，不刺激对方，以降低侵害程度，事后立即报案。

③提高社会交往能力。如交友要谨慎，少与行为不端的人联系，不要上网交友，更不要网恋或私自会见网友；出外办事不单独行动，要与同学结伴而行，以免发生意外。

④养成谨言慎行的习惯。在学校日常生活中，不要说刺激、伤害他人的话；在公共场所遇到可疑者时，设法避开；化妆、服饰要得体，不要过分暴露；与他人发生矛盾或冲突时，尽量用和缓的语气和手段处理等。

知识拓展

故意伤害罪，是指故意非法伤害他人身体并达成一定的严重程度、应受刑法处罚的犯罪行为。凡达到刑事责任年龄并具备刑事责任能力的自然人均能构成故意伤害罪，其中，已满14周岁未满16周岁的自然人有故意伤害致人重伤或死亡行为的，应当负刑事责任；致人轻伤的，则须已满16周岁才能构成故意伤害罪。刑法第二百三十四条规定：故意伤害他人身体的，处三年以下有期徒刑、拘役或者管制。犯前款罪，致人重伤的，处三年以上十年以下有期徒刑；致人死亡或者以特别残忍手段致人重伤造成严重残疾的，处十年以上有期徒刑、无期徒刑或者死刑。第二百三十八条规定：非法拘禁他人或者以其他方法非法剥夺他人人身自由的，处三年以下有期徒刑、拘役、管制或者剥夺政治权利。具有殴打、侮辱情节的，从重处罚。

学以致用

某中职学校2014级新生颖个子娇小，也不爱说话，班上有一名叫惠的女同学经常取笑颖，还对颖说了一些很伤人的话，但颖都没有计较。有一天上体育课时，惠鼓动大家不听从体育老师安排测试800米跑，但颖没有听惠的，结果刚跑出去就被惠抱住，颖没办法再跑。惠还嘲笑颖说，看你还跑得动不！颖特别委屈，班上很多同学也指责惠做得不对，但惠一副满不在乎的样子。后来颖在同学的陪同下告诉了班主任，同时体育老师也告诉了班主任。结合惠迟到等违纪行为，班主任请来了惠的家长，告诉惠不能欺负弱小，即便是开玩笑也不能带有侮辱的性质。家长也指出了惠的缺点，提出了改正的要求。从此惠的语言变得收敛，再也没有欺负人的行为，与同学的关系也慢慢变好了。

颖这样做对吗？假如她没告诉老师，惠会改变吗？

_____

_____

_____

_____

_____

_____

_____

安全提醒

①同学之间的矛盾无论再小，都可能变成大问题而出现严重后果，所以遇到问题要及时报告老师。

②遇到暴力，害怕和忍让是不能解决问题的，还可能助长对方的气焰，正确的做法是大胆告诉老师和家长，让对方受到相应的教育和处罚。

③法律赋予每一个人平等的权利和地位，保护每一个人的合法权利，任何人违反法纪的行为终将受到严惩。

第六节　财产安全

案例导入

案例1 某中职学校二年级学生丹和霞是同班同学，更是无话不谈的好朋友。两人之间几乎没有什么秘密，甚至连生活费都放到一起用。有一天，丹发现自己银行卡里少了3000元，而自己根本就没有取过钱，丹告诉了老师。老师经过了解发现，丹的银行卡平时就放在没有上锁的柜子里，寝室的同学都知道，而密码丹也告诉了霞，霞却否认用过银行卡。于是老师将情况报告保卫处并报案，经过公安机关调查，调取了霞通过学校取款机取出3000元的视频资料，确认钱被霞所盗取。真相大白之后，丹和同学们都非常惊讶，没有想到是好朋友偷了自己的钱，大家也为霞感到惋惜。鉴于霞是初犯，悔改意思明显，又得到受害人的谅解，公安机关作出了免予刑事处罚的决定，但学校给予了纪律处分。

案例2 某中职学校一年级女生小余性格活泼，敢说敢做，有自己的想法，喜欢和老师辩论。有一天，小余却哭哭啼啼地到办公室找到老师，告诉老师她遇到大麻烦了。老师经过了解得知，小余接到一个电话，通话者自称是广州某公安局的，其说小余有一个装有毒品的包裹被查处，要小余接受调查并将资金转入公安局的账户接受监管。小余自己有6 000多元的存款，本想将钱转过去，但一想到平时老师所讲的毒品知识，小余更害怕了，以为自己要被判刑坐牢，觉得还是应该告诉老师，希望老师能证明自己没有贩毒。老师听后，明白此事是一个骗局，给骗子回了电话告诉他已经报告派出所，请与派出所联系，对方挂掉电话后便再也打不通了。

案例思考

①你认为案例1中霞有什么地方做得不妥?

_____

_____

_____

_____

_____

②你认为案例2中小余差点受骗说明了什么问题?

_____

_____

_____

_____

_____

案例分析

以上案例分别从两个方面讲述了学生需要重视的财产问题，一个是保管好自己的财物；另一个是防止上当受骗。财产安全是同学们离开家独自求学走向社会的必修课，我们要学会独立地保管财物，也要懂得法律赋予每一个人依法对自己的财产享有占有、使用、收益和处分的权利。我们可能会遇到财物被盗、诈骗，甚至是抢劫等危及财产的问题，所以我们要学习保护人身和财产安全的一般知识，要有防范意识，养成留心观察身边的

人和事的习惯，发生案件、发现危险要快速、准确、实事求是地报警求助，用法律维护自己的人身财产安全。

安全预防

学校老师会在每位同学进校的时候强调财物安全常识，同学们要注意学习。离开寝室、教室时关好门窗，贵重物品和大额现金要妥善保管，最好是放在老师处；银行卡和重要账户的密码只能自己知道，并尽量不用生日作密码；身份证是重要证件，不能借用和抵押；谨慎使用网上银行和付款方式，不在公共场所使用 WIFI；生活节俭，不炫富，在遇到经济困难时向老师寻求帮助；经常与父母联系告知近况，并让家长与老师保持联系。

知识拓展

盗窃罪：根据刑法第二百六十四条的规定，盗窃罪是指以非法占有为目的，秘密窃取公私财物数额较大或者多次盗窃、入户盗窃、携带凶器盗窃、扒窃公私财物的行为。本罪主体是一般主体，凡达到刑事责任年龄（16周岁）且具备刑事责任能力的人均能构成。盗窃公私财物数额较大的（1 000～3 000元以上），或者多次盗窃、入户盗窃、携带凶器盗窃、扒窃的，处3年以下有期徒刑、拘役或者管制，并处或者单处罚金。犯本罪，情节严重的（3万～10万元以上），处3年以上10年以下有期徒刑，判处罚金。犯本罪，情节特别严重的（30万～50万元以上），处10年以上有期徒刑或无期徒刑，并处罚金或者没收财产。

学以致用

小明是某中职学校二年级学生，学习认真，非常听话懂事，凡是老师要求的事情，小明都不打折扣地完成。老师要求同学们回家告诉家长，如果有人打电话自称老师，告诉家长其孩子在学校出事了，则要求家长一定要给老师打电话证实。小明回家后按老师的要求告诉了家长。2014年10月的一天，老师接到小明父亲的电话，电话里小明父亲非常着急，说有老师告诉他小明被车撞了，现在在医院，需要手术，马上要他汇8 000元过去，想起平时老师的要求，小明父亲拨打了班主任的电话求证。老师意识到这是骗局，并告诉家长小明好好地在教室，不能汇款，从而成功地避免了损失。

换成是你，会回家按老师的要求做吗？假如没有，面对父亲辛苦挣来的 8 000 元遭到损失，你会后悔吗？

_____

_____

_____

_____

_____

_____

_____

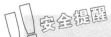 安全提醒

①按学校和老师的要求保管自己的财物。

②遇到丢失不盲目推测猜忌，报告老师、保卫处或者派出所。

③不贪便宜，树立勤俭节约的价值观，靠自己的双手创造财富。

第二章

食品安全及常见疾病预防

食品安全

常见传染性疾病及其预防

意外事故的预防和急救

第一节 食品安全

案例导入

案例1 2012年9月，黑龙江省泰来四中初一学生李某，早晨到小卖店买了一些食品边走边吃。上课半小时后，李某突然肚子疼痛，嘴唇发紫，浑身哆嗦，呼吸困难，到医院经及时抢救方脱离危险。经检验，该生吃的食品已过期变质，并含有大量的病菌，系没有生产厂家和出厂日期、保质期的伪劣垃圾食品。

案例2 2015年1月，珠海市食品药品监督管理局连续接到两起报告，都是企业员工在用餐后出现恶心、呕吐、腹泻等肠胃不适症状。初步调查发现，他们都在公司食堂吃过四季豆。珠海市疾控预防控制中心对这两家企业食堂四季豆留样及部分病人呕吐物进行了检测，判断这两宗事件均因食用未煮熟的四季豆引起。

案例思考

①在案例1中，李某是怎么中毒的？该案例对你有什么启示？

_____

_____

_____

_____

②在案例2中，引起员工食物中毒的原因是什么？请了解还有哪些食物加工不当易引起食物中毒？

_____

_____

_____

_____

案例分析

俗话说，病从口入，食品安全极其重要。食物中毒是由于进食被细菌及其毒素污染的食物，或摄食含有毒素的动植物如毒蕈、河豚等引起的急性中毒性疾病。

案例1中，李某食用了过期、变质的三无食品，食品被细菌及其毒素污染，引起了食物中毒。

案例2中，企业员工就餐食用的四季豆是有毒成分的植物性食品，由于烹调加工方法不当，没有将植物中的有毒物质去掉而引起了食物中毒。

安全预防

食物中毒的预防方法如下所述。

①保持厨房环境和餐用具的清洁卫生。

②选择新鲜、安全的食品和食品原料。切勿购买和食用腐败变质、过期和来源不明的食品，切勿食用发芽马铃薯、野生蘑菇、河豚等含有或可能含有有毒、有害物质的原料及其制作的食品。

③蔬菜按"一洗二浸三烫四炒"的顺序操作处理。

④肉及家禽在冷冻之前按食用量分切，烹调前充分解冻。

⑤彻底加热食品，特别是肉、奶、蛋及其制品，四季豆、豆浆等应烧熟煮透。

⑥烹调后的食品应在2小时内食用。

⑦妥善储存食品。食品应储存在密封容器内，生、熟食品分开存放，新鲜食物和剩余食品存放在高于60℃或低于10℃的条件下。

⑧经冷藏保存的熟食和剩余食品及外购的熟肉制品在食用前应彻底加热。食物中心温度须达到70℃，并至少维持2分钟。

⑨不光顾无证无照的流动摊档和卫生条件差的食品店。

⑩养成良好的个人卫生习惯，如勤洗手、不吃生食、不喝生水。

知识拓展

1. 食物中毒的分类

一般来说，食物中毒可分为细菌性食物中毒和非细菌性食物中毒。

（1）细菌性食物中毒

细菌性食物中毒是因为吃了被病菌及其毒素污染的食物而引起的中毒。预防方法主要是讲究卫生，防止细菌对食品的污染；易腐食品应该进行低温保藏以防食品腐败，已腐败的食物一律不能食用；外购熟食和隔顿饭菜应回锅蒸煮后，方可食用。

（2）非细菌性食物中毒

非细菌性食物中毒可分为有毒动植物食物中毒、化学性食物中毒和真菌中毒。

①有毒动植物食物中毒：这是由于吃了本身含有毒成分的动植物性食物而引起的中毒。预防方法主要是禁止食用某些含有毒成分的动物，如河豚等。对于少量发芽的马铃薯，则应将其含有毒物质的芽、芽眼及芽眼周围的部分去除后方可食用。

②化学性食物中毒：主要是吃了混入有毒化学物质（如农药及铅、砷、汞等）的食物而引起的中毒。预防方法主要为加强有毒化学物质的管理和使用，严禁农药与食品同室存放；严禁将有毒化学物质带回家中使用；拌过农药的种子要妥善保管，以防误食；不使用盛放或包装过有毒化学物质的容器来盛放和包装食品。

③真菌中毒：真菌中毒分为两类，一类是由于吃了本身含有毒素的毒蘑菇而引起的中毒。预防方法主要是禁止食用毒蘑菇。另一类是由于吃了被真菌产生的毒素污染过的食物而引起的中毒。预防方法是防止粮食受潮发霉，粮食蒸煮前应拣去霉粒并淘洗干净，也不可食用发霉变质食物。

2. 生活中常见易中毒食物

（1）鲜木耳

常见问题：鲜木耳与市场上销售的干木耳不同，其含有被称为"卟啉"的光感物质，如果被人体吸收，经阳光照射，可能引起皮肤瘙痒、水肿，严重时可致皮肤坏死。若水肿出现在咽喉黏膜，还可能导致呼吸困难。

（2）鲜海蜇

常见问题：新鲜海蜇皮体较厚，水分较多。研究发现，海蜇含有四氨络物、5-羟色胺及多肽类物质，有较强的组胺反应，易引起"海蜇中毒"，即出现腹泻、呕吐等症状。

（3）鲜黄花菜

常见问题：含有毒成分秋水仙碱，如果未经水焯、浸泡，且急火快炒后食用，可能导致头痛头晕、恶心呕吐、腹胀腹泻，甚至体温改变、四肢麻木。秋水仙碱在体内氧化为氧化二秋水仙碱，其食用 0.5 ~ 4 h 后会感觉恶心、呕吐、腹痛、腹泻、头昏、头疼、口渴、喉干。

（4）变质蔬菜

常见问题：在冬季，蔬菜，特别是绿叶蔬菜储存一天后，其含有的硝酸盐成分会逐渐增加。人吃了不新鲜的蔬菜，肠道会将硝酸盐还原成亚硝酸盐。亚硝酸盐会使血液丧失携氧能力，导致头晕头痛、恶心腹胀、肢端青紫等，严重时还可能发生抽搐、四肢强直或屈曲，进而昏迷。

（5）变质生姜

常见问题：生姜适宜放在温暖、湿润的地方，存贮温度以 12 ~ 15 ℃为宜。如果存贮温度过高，腐烂就会很严重。变质生姜含有毒性很强的物质——黄樟素，一旦被人体吸收，即使量很少，也可能引起肝细胞中毒变性。人们常说"烂姜不烂味"，这种观点是错误的。

（6）长斑红薯

常见问题：红薯表面出现黑褐色斑块，表明受到黑斑病菌（一种真菌）污染，排出的毒素有剧毒，不仅使红薯变硬、发苦，而且对人体肝脏影响很大。这种毒素，无论使用煮、蒸或烤的方法都不能使之破坏。因此，有黑斑病的红薯，无论生吃或熟吃，均能引起中毒。

（7）生四季豆

常见问题：四季豆是人们普遍食用的蔬菜。生的四季豆中含皂甙和血球凝集素，由于皂甙对人体消化道具有强烈的刺激性，可引起出血性炎症，并对红细胞有溶解作用。

四季豆中毒的发病潜伏期为数十分钟至十数小时，一般不超过5h。主要有恶心、呕吐、腹痛、腹泻等胃肠炎症状，同时伴有头痛、头晕、出冷汗等神经系统症状，有时有四肢麻木、胃烧灼感、心慌和背痛等。

（8）青番茄

常见问题：青番茄含有与发芽土豆相同的有毒物质——龙葵碱。人体吸收后会出现头晕恶心、流涎呕吐等症状，严重者发生抽搐，对生命构成很大威胁。

3. 食物中毒应急措施

一旦发生食物中毒，千万不要惊慌失措，应冷静地分析发病的原因，针对引起中毒的食物以及服用时间的长短，及时采取下述应急措施。

（1）催吐

如果服用时间在1～2h内，可使用催吐的方法。立即取食盐20g加开水200mL溶化，冷却后一次喝下，如果不吐，可多喝几次，迅速促进呕吐。如果吃下去的是变质的荤食品，则可服用十滴水来促使迅速呕吐。患者也可用筷子、手指或软毛等刺激咽喉，引发呕吐。

（2）导泻

如果食物中毒者服用食物时间较长，已超过2～3h，但精神较好，则可服用泻药，促使中毒食物尽快排出体外。一般用大黄30g一次煎服，老年患者可选用元明粉20g，用开水冲服，即可缓泻。对老年体质较好者，也可采用番泻叶15g一次煎服，或用开水冲服，也能达到导泻的目的。

（3）解毒

如果是吃了变质的鱼、虾、蟹等引起的食物中毒，可取食醋100mL加水200mL，稀释后一次服下。此外，还可用紫苏30g、生甘草10g一次煎服。若是误食了变质的饮料或防腐剂，最好的急救方法是用鲜牛奶或其他含蛋白质的饮料灌服。

特别提示： 这种紧急处理只是为治疗急性食物中毒争取时间，在紧急处理后，应马上到医院进行治疗。

学以致用

①班级决定开展"安全饮食，健康你我"主题班会，请你设计活动方案。

_____

_____

_____

_____

_____

_____

_____

②小李回山区老家玩，碰巧隔壁张大娘一家五口全部腹痛腹泻、恶心呕吐，山区老家离医院较远且交通不便，事情紧急，他该怎么办？

第二节 常见传染性疾病及其预防

案例导入

案例1 《生命时报》（2006-12-26 第22版）（人民网）流感这个"潘多拉的盒子"一经打开，就制造了无数起震撼全人类的惨剧。其中，1918年的"西班牙流感"可算是最大的浩劫。据科学家估计，它导致全球2 000万～5 000万人死亡，相比之下，第一次世界大战造成1 000万的死亡人数只有它的1/5～1/2。

1918年3月11日午餐前，美国堪萨斯州Funston军营，一位士兵突然觉得四肢乏力、头疼，紧接着开始发烧。接下来的情况出人意料：中午刚过，100多名士兵都出现了相似的症状。几天后，这个军营里已经有了500名以上的"感冒"病人！

人们万万想不到的是，被称为"influenza"（意为魔鬼）的流感病毒，已经悄然来到了这个小镇。而此次流感造成的死亡人数，使得世界大战的死亡幽灵都相形见绌。

案例2 2004年9月，西部地区某中学由于食堂两名厨师、两名服务员都是伤寒杆菌携带者，导致6名学生先后感染伤寒，继而引起伤寒的爆发流行。

案例3 周六晚，小刘到网吧通宵玩网络游戏。在第二天返校后，他感觉眼睛有些发红，以为这是熬夜后的眼睛疲劳充血，并不在意。两天过去了，他注意休息，可眼睛反而越来越红了。奇怪的是，同寝室另外3名同学也出现了红眼睛现象。同学们这才意识到可能是得了传染病。

案例思考

①案例1中，骇人听闻的"西班牙流感"剥夺了数千万人的生命。你还知道哪些流感病毒？

_____

_____

②案例 2 中，食堂的厨师和服务员携带传染病毒，你所了解的传染病在人群中传播的基本条件有哪些？

_____

_____

_____

_____

_____

③案例 3 中提到的是什么传染病？当发现苗头时，该如何处理？

_____

_____

_____

_____

_____

案例分析

传染性疾病就是我们常说的传染病，是各种传染疾病的总称，它是由病原体引起的，能在人与人、动物与动物或人与动物之间相互传染的疾病。

传染病的传播途径有多种，常见的传播方式有：空气传播（如流感、麻疹等）、肠道传播（如甲肝、菌痢等）、接触传播（如水痘、癣等）、体液传播（如乙肝、艾滋病等）。

传染病会严重危害人类健康，案例 1 中的"西班牙流感"剥夺了数千万人的生命。案例 2 中的伤寒和案例 3 中的"红眼病"都是由于没有及时控制传染源，以及切断传播途径造成了疾病的传染。

安全预防

预防传染病必须针对传染病流行的3个主要环节，采取综合性措施。

1.控制传染源

应做到"早发现、早隔离、早治疗"，以防止传染病的蔓延。因为病人是主要的传染源，病人得到及时控制，可减少传染病传播疾病的机会，病人也可早日康复。

在不同季节，多发的传染病不尽相同，如冬春季呼吸道传染病多发、夏秋季肠道传染病多发等。

2.切断传播途径

要切实搞好疫源地的消毒、隔离管理。在发生烈性传染病时可考虑封锁疫区。对肠道传染病要做好隔离工作，呕吐物要经过严格的消毒处理，并加强对饮食、水源和粪便的管理。对呼吸道传染病除隔离外，还要注意通风换气，保持空气新鲜。

3.提高易感人群的抵抗力

平时应养成良好的卫生习惯和生活习惯，多参加户外活动和适宜的体育锻炼，以增强机体的抵抗力。在传染病流行期间应保护易感者并不与传染源接触，并根据实际情况做好预防接种工作。

知识链接

1.免疫

免疫是机体的一种生理性保护反应，其主要作用是识别和排除进入人体内的抗原性异物（如细菌、病毒），以维持机体内环境的稳定和平衡。

免疫反应正常对机体有利；免疫反应低下，如患有获得性免疫缺陷综合征（艾滋病）则严重威胁健康；免疫反应超过正常，称变态反应性疾病（如急性肾炎、支气管哮喘、荨麻疹、湿疹等）。

2.抗原和抗体

任何外界侵入人体的新异物体，都能刺激人体组织产生抵抗这种物体的物质。侵入的物体称为抗原，如麻疹病毒等。抵抗它的物体称为抗体，如免疫球蛋白等。抗体可以将抗原杀死、包围、溶解或吞噬。各种传染病的病原体均属于抗原，能与相应抗原特异性结合的具有免疫功能的球蛋白则属于抗体。抗体具有专一性，某种抗体只能对某种传染病起作用。

3. 免疫的种类

免疫分为非特异性免疫和特异性免疫两大类。

（1）非特异性免疫

非特异性免疫是生来就具有的免疫功能，又称先天性免疫，是人类在进化中长期与病原微生物斗争而发展、完善的一种生理功能。这种免疫能力不是针对某一种病原微生物的，而是对多种病原微生物有防御作用，如吞噬细胞的吞噬作用、唾液和泪液中溶菌酶的杀菌作用、皮肤黏膜的屏障作用等。

（2）特异性免疫

特异性免疫是指在后天才获得，只能对一定的异物或病原体起作用的免疫，又称获得性免疫，有很强的针对性。特异性免疫又分为自动免疫和被动免疫。

常见的传染性疾病有下述种类。

知识拓展

1. 流行性感冒

流行性感冒是较为常见的一种通过呼吸道传播的疾病，多在冬末春初流行，人群对流感普遍易感，可分为甲（A）、乙（B）、丙（C）3型。甲型病毒经常发生抗原变异，传染性大，传播迅速，极易发生大范围流行。甲型H1N1即是甲型一种。本病具有自限性，但在婴幼儿、老年人和存在心肺基础疾病的患者容易并发肺炎等严重并发症而导致死亡。

（1）病因

流行性感冒（简称流感）是由流感病毒引起的呼吸道传染病。

（2）传播途径

流行性感冒传播力强，病毒主要经飞沫直接传播，飞沫污染手、用具等也可造成间接传播。病后免疫力不持久。

（3）临床症状

①潜伏期为数小时至数日。发病急，高热，寒战，体温可达39℃以上，伴有头痛、咽痛、倦怠乏力、关节肌肉酸痛、眼结膜充血等。

②还可出现恶心、呕吐、腹痛、腹泻等消化道症状。发热3～4天后逐渐退热、症状缓解，乏力可持续1～2周。

③流感的全身症状明显，而呼吸道症状较轻（普通感冒是呼吸道症状较重，全身症状较轻）。

④儿童患流感容易并发肺炎和中耳炎，部分病儿有明显的精神症状，如嗜睡、惊厥等。

（4）治疗

一旦发现流感病人，首先应对其进行隔离。病人需卧床休息，多饮水，补充维生素，进食后用温开水或温盐水漱口，保持口鼻清洁，病情严重时要到医院治疗。早期可使用抗病毒的药物，必要时也可进行中药治疗。

（5）预防

季节性流感在人与人之间传播能力很强，与有限的有效治疗措施相比，积极防控更为重要。主要的预防措施如下：

①保持室内空气流通，流行高峰期避免去人群聚集的场所。

②咳嗽、打喷嚏时应使用纸巾等，避免飞沫传播。

③经常彻底洗手，避免脏手接触口、眼、鼻。

④流行期间如出现流感样症状应及时就医，并减少接触他人，尽量居家休息。

⑤流感患者应呼吸道隔离1周或至主要症状消失。患者用具及分泌物要彻底消毒。

⑥加强户外体育锻炼，提高身体抗病能力。

⑦春秋季气候多变，注意加减衣服。

⑧接种流感疫苗。接种流感疫苗是其他方法不可替代的较为有效预防流感及其并发症的手段。疫苗需每年接种方能获得有效保护，疫苗毒株的更换由WHO根据全球监测结果来决定。

2. 传染性非典型性肺炎

传染性非典型性肺炎又称"非典"、重症急性呼吸综合征（SARS），是一种传染性极强的呼吸道传染病。世界卫生组织（WHO）将其命名为重症急性呼吸综合征。在2003年，"非典"曾全面爆发，最后，虽然人类战胜了"非典"，但教训是惨重的，代价是沉重的。

（1）病因

本病是由SARS冠状病毒（SARS-CoV）引起的急性呼吸道传染病。

（2）传播途径

本病为呼吸道传染性疾病，主要传播方式为近距离飞沫传播或接触患者呼吸道分泌物，可经过口、鼻、眼等部位侵入人体而引起传播。

（3）临床症状

潜伏期为2～10天。首要症状为发热，体温一般高于38℃，并持续一段时间。伴有怕冷、头痛、肌肉酸痛、关节酸痛、干咳等，严重者出现呼吸加快，甚至呼吸困难。

（4）治疗

"非典"大流行期间，因缺少对"非典"发病原因的治疗，只能实行对症治疗，如发热、咳嗽等症状使用对应的药物，或者使用肾上腺皮质激素、抗病毒的药物等。目前，我国已研制出相关的药物来控制疫情。

（5）预防

①控制传染源。

a.疫情报告。我国已将重症急性呼吸综合征列入《中华人民共和国传染病防治法》2004年12月1日施行的法定传染病乙类首位，并规定按甲类传染病进行报告、隔离治疗和管理。发现或怀疑本病时，应尽快向卫生防疫机构报告。做到早发现、早隔离、早治疗。

b.隔离治疗患者。对临床诊断病例和疑似诊断病例应在指定的医院按呼吸道传染病分别进行隔离观察和治疗。

c.隔离观察密切接触者。对医学观察病例和密切接触者，如条件许可应在指定地点接受隔离观察，为期14天。在家中接受隔离观察时应注意通风，避免与家人密切接触，并由卫生防疫部门进行医学观察，每天测量体温。

②切断传播途径。

a.社区综合性预防。减少大型群众性集会或活动，保持公共场所通风换气、空气流通；排除住宅建筑污水排放系统淤阻隐患。

b. 保持良好的个人卫生习惯。不随地吐痰，避免在人前打喷嚏、咳嗽、清洁鼻腔，且事后应洗手；确保住所或活动场所通风；勤洗手；避免去人多或相对密闭的地方，应注意戴口罩。

③保护易感人群。保持乐观稳定的心态，均衡饮食，多喝汤、饮水，注意保暖，避免疲劳，保证足够的睡眠以及在空旷场所作适量运动等，这些良好的生活习惯有助于提高人体对重症急性呼吸综合征的抵抗能力。

3. 水痘

水痘是一种比较常见的主要发生在儿童中的呼吸道传染病，以6个月—3岁的儿童发病率最高，近年来，中、小学学生发病率也很高。多发生于冬春季，但病后可终生不再患此病。

（1）病因

水痘是由水痘病毒——带状疱疹病毒感染引起，而这种病毒感染成人常常发生带状疱疹。

（2）传播途径

水痘的传染性较强，主要是通过空气飞沫传播，或者是接触了病人"水疱"内的疱浆，以及通过沾染上疱浆的衣服等物品而被传染。从病人发病日起到皮疹全部干燥结痂都有传染性。

（3）临床症状

①病初1～2天有低热，以后出皮疹。皮疹先见于头皮、面部，逐渐延及躯干、四肢。

②最初皮疹是红色小点，1天左右变为水疱，3～4天后水疱干缩，结成痂皮。干痂脱落后，皮肤上不留疤痕。

③在得病的1周之内，由于新的皮疹陆续出现，而陈旧的皮疹已经结痂，也有的正处在水疱阶段，所以，在病人皮肤上可同时见到红色小点、水疱、结痂3种类型的皮疹。出皮疹期间皮肤瘙痒。

（4）治疗

若发现水痘病人应尽早隔离，直到全部皮疹结痂为止。与水痘病人接触过的儿童，应隔离观察3周。该病没有什么特效治疗，主要是对症处理以及预防皮肤感染，保持清洁，避免挠抓，有感染的可外用抗生素软膏。

（5）预防

①接种水痘疫苗是一种非常有效的方法，可以起到很好的预防效果，并且所产生的保护作用可以长期存在。

②多喝水。

③加强体育锻炼，增强人体抵抗力。

4. 流行性腮腺炎

流行性腮腺炎简称流腮，俗称痄腮。四季均有流行，以冬、春季常见，是儿童和青少年期常见的呼吸道传染病。患者愈后可获终生免疫。

（1）病因

流行性腮腺炎是由病毒引起的呼吸道传染病。

（2）传播途径

病毒主要存在于病人唾液中，且时间较长，腮部肿胀前6天至腮部肿胀后9天都可能从病人口中排出病毒。流行性腮腺炎主要通过空气飞沫传播，在短时间内接触病人唾液所污染的食具、玩具等也能引起感染。

（3）临床症状

①一般先于一侧腮腺肿大、疼痛，后波及对侧。腮腺肿大以耳垂为中心，边缘不清，表面发热，有压痛感，张口或咀嚼时疼痛，尤其是吃硬的或酸的食物时疼痛加剧。4～5天后消肿。

②伴有发热、畏寒、头痛、食欲缺乏等症状。若出现嗜睡、头痛、剧烈呕吐等症状应及时就医。

③流行性腮腺炎还可能会引起一些并发症，如睾丸炎、卵巢炎、脑膜炎、胰腺炎、心肌炎等，后果更为严重。

（4）治疗

本病为自限性疾病，目前尚无抗腮腺炎特效药物，抗生素治疗无效。主要是对症治疗，隔离患者使之卧床休息直至腮腺肿胀完全消退。注意口腔清洁，饮食以流质或软食为宜，避免酸性食物，保证液体摄入量。可用利巴韦林及中草药治疗，紫金锭或如意金黄散，用醋调后外敷。体温达 38.5 ℃以上可用解热镇痛药。并发脑膜脑炎者给予镇静、降颅压等药物。睾丸炎患儿疼痛时给予解热镇痛药，局部冷敷用睾丸托，可用激素及抗生素。并发胰腺炎应禁食，补充能量，注意水、电解质平衡。

（5）预防

①接种疫苗。这是预防流行性腮腺炎最有效的方法。

②加强体育锻炼，增强身体的抵抗力。

5. 传染性结膜炎

传染性结膜炎，俗称"红眼病"，或者"暴发火眼"。多见于春秋季节，可散发感染，也可在学校、幼儿园、工厂等集体单位广泛传播，造成暴发流行。

（1）病因

引起传染性结膜炎的可以是细菌，也可以是病毒。

（2）传播途径

传染性结膜炎主要是接触传播，即"眼—手—眼"的传播。接触病人用过的洗脸用具、游戏机、计算机键盘或者到病人去过的游泳池、浴池等地方游泳、洗浴，都有可能被感染。

（3）临床症状

①起病急，常为双眼或左右眼先后发病。双眼有异物感或烧灼感及轻度怕光、流泪。

②细菌性结膜炎一般有脓性及黏性分泌物，早上醒来时上下眼睑被粘住。

③病毒性结膜炎症状略轻者，眼分泌物多为水样，一般两周即可痊愈。若未能及时治疗，常转为慢性结膜炎。

（4）治疗

①一旦得病，应积极治疗，可用生理盐水或者3%的硼酸水冲洗眼睛。若是细菌感染，使用抗生素眼药水；病毒感染则使用抗病毒的眼药水。

②治疗应彻底，即使没有症状也需要继续治疗1周左右，以防复发。

③病人不能遮盖病眼，否则可能引起细菌或病毒的繁殖，加重病情。

（5）预防方法

传染性急性结膜炎虽然不会造成明显视力障碍，但其传染性极强，往往会造成广泛流行，所以预防工作非常重要。

①注意个人卫生，保持双手清洁，避免用手拭眼，避免与别人共享毛巾或眼部用品。

②使用公共设施时要注意卫生。当传染性急性结膜炎流行时，要小心使用公共设施，尤其是在泳池游泳，切勿在接触公众用具后拭眼，以免将病菌传到眼部。

6. 传染性肝炎

传染性肝炎是指由肝炎病毒引起的比较广泛的常见传染病。肝炎病毒常见的为甲、乙型。传染源为病人及病毒携带者。

（1）病因及传染途径

①甲型肝炎病毒引起甲型传染性肝炎。该病毒耐热，一般的消毒剂如高锰酸钾不能杀灭甲型肝炎病毒。病毒存在于病人的粪便中，粪便污染了食物、饮水，经口造成传染。多数预后良好，感染后能产生持久的免疫力，在幼儿园中易流行。

②乙型肝炎病毒引起乙型传染性肝炎。该病毒耐热。病毒存在于病人的血液、唾液、鼻涕、乳汁等中。含有病毒的极微量血液就能造成传染。可通过输血、注射血制品、共用注射器等途径传播。

由于病人的唾液和鼻咽分泌物中也有病毒，所以，日常生活密切接触，如共用牙刷、食具，也是传染的途径。

（2）临床症状

无论甲型、乙型传染性肝炎，在症状上都可分为黄疸型与无黄疸型两种。人感染了甲型肝炎病毒以后，约经1个月的潜伏期后发病，多为黄疸型肝炎。

人感染了乙型肝炎病毒，经2～6个月的潜伏期后发病，多为无黄疸型肝炎。

①黄疸型肝炎。

a. 病初类似感冒，相继出现食欲减退、恶心、呕吐、腹泻等症状，尤其不喜欢吃油腻的食物。

b. 精神不好，乏力。

c. 经1周左右，皮肤、巩膜出现黄疸，尿色加深，肝功能不正常。

d. 出现黄疸2～6周以后，黄疸消退，食欲、精神好转，肝功能逐渐恢复正常。

②无黄疸型肝炎。

症状比黄疸型肝炎轻，一般有发热、乏力、恶心、呕吐、头晕等症状，在病程中始终不出现黄疸。

（3）治疗

对于急性期患者的治疗，严格卧床休息特别重要，以及选择性地使用抗病毒药物治疗，饮食以合乎病人口味、易消化的清淡食物为宜。同时，还应忌酒、避免过度劳累以及使用损伤肝脏的药物。

（4）传染性肝炎的预防

①防止病从口入，讲究饮食卫生、个人卫生。饭前用肥皂、流动水洗手。水杯、牙刷不能混用。

②做好日常的消毒工作。对肝炎病人的食具、水杯、玩具以及便盆均要严格消毒。病人应隔离治疗。

③接种甲肝疫苗、乙肝疫苗，保护易感者。

④工作人员定期进行健康检查。

⑤用一次性注射器。

⑥避免"母婴传播"。认真做好产前检查，必要时及时给新生儿注射乙肝疫苗，患乙肝的母亲慎重对待母乳喂养。

7. 肺结核

在新中国成立前，肺结核又称为"肺痨"，因为其死亡率极高，所以谈起它无不令人恐惧。如今，肺结核在人群中的传播已得到了有效控制，对人们健康和生命的威胁已大大减轻。然而，由于青少年生长非常旺盛，身体各器官的发育处于相对的不平衡状态，当营养不良、疲劳过度、身体抵抗力下降时，就容易生病，因而肺结核在青少年中发病率仍然较高。

（1）病因

肺结核是由结核杆菌引起的慢性传染性疾病。

（2）传播途径

本病主要经呼吸道传播。病人咳嗽时，带有结核杆菌的飞沫浮游于空气中，可直接传播；病人吐出的痰干燥后，病菌散播于飞扬的尘埃中，也可造成传染；此外，牛奶消毒不彻底时，其内有一种名为牛型结核杆菌的细菌也会传播肺结核。

（3）临床症状

①病初可有低热、轻咳、食欲减退等症状。

②病情发展则出现长期不规则低热、盗汗、乏力、消瘦等症状。

③若给予合理、及时的治疗，预后良好，原发病灶钙化；否则，病灶长期残留，有可能发展成继发性结核。

（4）治疗

一旦发现肺结核，应当及时进行药物治疗，应遵循的治疗原则是"早期、联合、适量、规律、全程用药"，并应定期复查胸部 X 光片。

（5）预防措施

①不要随地吐痰，扫地前先洒水以防尘土飞扬。牛奶要煮沸消毒后再喝，集体用餐要实行分餐制。

②肺结核病人一定要注意休息，隔离治疗，以防传染他人。

③为了早期发现肺结核，最好每年体检，做 X 光片检查一次，发现可疑症状者应进一步检查确诊。15 岁以下的少年，若没有接种卡介苗，应抓紧时间接种卡介苗，以增强免疫力。

④坚持锻炼身体，增强体质，保证蛋白质、维生素等营养物质摄入，这对加强抗结核能力有很大帮助。

8. 细菌性痢疾

夏季是腹泻的高发季节，细菌性痢疾在学校也比较常见，如果治疗不彻底就容易转为慢性病。

（1）病因

细菌性痢疾是由痢疾杆菌引起的肠道传染病，多发生于夏秋季。

（2）传播途径

病菌存在于病人的粪便中，粪便污染了水、食物等，经手、口传染。

（3）临床症状

①起病急，高热、寒战、腹痛、腹泻。一日可泻十到数十次，排便有明显的里急

后重感（总有排不净大便的感觉），大便内有黏液及脓血。

②少数病人高热，很快抽风、昏迷，为中毒型痢疾。

（4）治疗

细菌性痢疾患者要卧床休息，吃容易消化、高维生素的饮食。要积极到医院就诊，并使用抗生素（如左氧氟沙星、诺氟沙星等）治疗和针对症状进行治疗。

（5）预防措施

①预防的关键是要做好饮食卫生。采购食品时，要选择新鲜的食品。另外，凉拌菜要少吃，吃时应洗净，并用冷开水冲洗。瓜果洗净去皮再吃。

②苍蝇与蟑螂等害虫可能会引起细菌性痢疾的传播。因此，消灭苍蝇与蟑螂也是预防的重要措施之一。

③充足的睡眠和丰富的营养有助于增强体力，也可以预防细菌性痢疾的传播。

④病人如果不能立即送往医院，在家中除了补充水分之外还需补充盐。

9.艾滋病

每年的 12 月 1 日是世界艾滋病日。艾滋病是一种病死率极高的严重传染病，目前还没有治愈艾滋病的药物和方法，但可以预防。

（1）病因

艾滋病是由艾滋病毒（HIV）感染引起的。艾滋病毒离开人体后，常温下可存活数小时至数天。

（2）传播途径

艾滋病主要通过性接触传播，在患者的精液、血液、阴道分泌物、乳汁里都含有艾滋病毒。另外，输血、吸毒时共用针头也会引起艾滋病的传播。除此之外，患艾滋病的妈妈还可能将艾滋病毒直接传播给新生儿。

（3）临床症状

感染了艾滋病毒，要经过平均 7～10 年的时间才发展成为艾滋病病人，在发展为艾滋病病人之前，外表看上去正常，可以没有任何症状地生活和工作。一旦发病就会出现长期低热、体重下降、淋巴结肿大、慢性腹泻、咳嗽等症状。

（4）治疗

目前还没有发现能够治愈艾滋病的特效药物，已经研制出的一些药物只能缓解艾滋病病人的症状和延长艾滋病病人的生命，所以对艾滋病来说最好是以预防为主。

（5）预防措施

①坚持洁身自爱，不卖淫、嫖娼。

②严禁吸毒，不与他人共用注射针头。

③不要擅自输血和使用血制品，要在医生的指导下使用。

④不要借用或与他人共用牙刷、剃须刀等个人用品。

⑤感染了艾滋病毒的妇女要避免怀孕、哺乳。

⑥使用避孕套是性生活中最有效地预防性病和艾滋病的措施之一。

⑦避免直接与艾滋病病人的血液、精液、乳汁和尿液接触。

知识链接

禽流感病毒与流感病毒是什么关系？

人们通常所说的流感，是由甲（A）、乙（B）、丙（C）3型流感病毒引起的一种人类急性呼吸道传染病。甲型和乙型，特别是甲型可引起人类流感大流行，丙型仅引起散在病例。禽流感为甲型流感病毒引起。

学以致用

①春节返校，同寝室的3名同学均出现了发热、咳嗽、喉痛、头痛、不停打呵欠等症状，你认为该如何处理？

_____

_____

_____

_____

_____

_____

②上学期间，如果你不小心感染了疥疮，应如何处理？

_____

_____

_____

_____

_____

_____

_____

第三节　意外事故的预防和急救

案例导入

案例1　与朋友一起喝酒也可能会惹上人命官司！日前，户县法院成功调解一起因相约饮酒致死引发的赔偿纠纷案。大学生王某因与同乡同学一起喝酒，结果酒精中毒身亡，3名同乡同学作为共同饮酒人，没有尽到提醒、劝告等责任，也要承担一定的法律责任。

2011年11月24日，户县法院民事审判庭一庭审理了这起赔偿纠纷案，原被告双方均表示愿意接受调解。法官认为，王某不加控制过量饮酒致酒精中毒死亡，应该对自己的死亡负主要责任；相约饮酒人之间均应尽到提醒、劝告、合理照顾等义务，故曾某等3人对王某的死亡存在一定的过失责任，应当承担部分赔偿责任。最终，在法官的调解之下，曾某等3人与王某父母达成调解协议，3人共计赔偿王某父母3.3万元。

案例2　重庆市某职业中学一年级学生张某，在课间活动奔跑过程中绊倒在地上，造成右手肘关节肿痛。事发后学校及时与其家长联系，同时将张某送到附近医院，经检查是右手肘关节处轻微骨裂。接下来由学生家长送孩子就医，但在三个星期后，医生告知张某右手肘关节处已经错位，要到大医院进行手术治疗。

因到大医院治疗费用较高，所以学生家长要求这些医药费大部分由学校先行支付（因为该生有意外保险），双方没能在这个问题上达成一致。后经司法所调解，医院承担一半医疗费用，考虑到张某家庭具体情况，学校承担了费用的四分之一。

案例思考

①案例1中，王某的酒精中毒死亡给你什么警示？该案中法官为什么判另外3名同乡同学民事赔偿？

　　②案例2中，造成张某病情加重的主要原因是什么？医院为什么要承担一半的医疗费用？

_____

_____

_____

_____

_____

_____

案例分析

　　意外事故，是指行为人的行为虽然在客观上造成了损害结果，但不是出于行为人的故意或者过失，而是出于不可抗拒或者不能预见的原因引起的。

　　当意外事故发生过程中及发生后，一定要做好预防和救治工作。

　　案例1中，当发现酒友有异常情况时，3名同乡同学没有尽到合理的照顾义务，没有报警或送其到医院抢救治疗，造成了王某酒精中毒死亡。

　　案例2中，学生张某的伤害事故要一分为二地分析。在学校由于摔了一跤，仅造成右手肘关节处轻微骨裂，属于轻伤，只要休养一段时间就可以痊愈。而后来造成的右手肘关节错位是由于医院包扎或王某自身的其他原因造成的，医院、张某本人均应该承担相应的责任。

知识链接

　　《学校安全工作条例》第三十二条第五款规定：学生违反法律、法规、规章制度的规定，违反学校的规章制度或纪律，实施按其年龄和认知能力应当知道具有危险或可能危及他人的行为的，或者学生行为具有危险性，学校、教师已经告诫和制止，但学生不听劝阻、拒不改正的，学校不承担赔偿责任。

安全预防

安全事故有大有小，伤势有轻有重。在事故发生的最初的几分钟里，要在急救原则内，迅速判断出病情的轻重，然后再采取一些紧急措施，以挽救患者的生命或改善病情。

1. 判断病情的轻重

（1）依据发生意外的原因判断

有些意外事故发生后，必须在现场争分夺秒地进行正确而有效的急救，以防止情况的恶化，如溺水、触电、外伤大出血、气管异物、中毒、车祸等。也有些意外事故虽然不会马上致命，但也十分严重，如果迟迟不做处理或处理不当，也可造成死亡或终身残疾。烧伤、烫伤、骨折等意外事故发生后，都要实施急救。

（2）依据伤情的情况判断

当人体受到外界强大的刺激，或疾病发展恶化至最后阶段，重要的生命机能已经紊乱、衰竭，身体的新陈代谢降到最低水平，呼吸、心跳等都会发生改变。

①呼吸的变化。垂危患者的呼吸已由正常节律变得不规律，时快时慢、时深时浅。如果患者鼻翼翕动，胸廓在吸气时下陷，这都说明呼吸已十分困难。呼吸一停，应立即做人工呼吸。

②脉搏的变化。垂危患者的脉搏由规则节律的跳动变得细快而弱，或节律不齐。这说明心脏功能和血液循环出现了严重障碍。一旦心跳停止，应立即做胸外心脏按压。

③瞳孔的变化。正常的瞳孔遇光能迅速收缩。垂危患者眼睛无神，瞳孔已不能随光线的增强迅速缩小。最后，瞳孔会渐渐散大，对光线完全失去反应能力。

2. 急救的原则

（1）挽救生命

呼吸和心跳是重要的生命活动。在常温下，呼吸、心跳若完全停止4分钟以上，生命就有危险；超过10分钟则很难起死回生。所以，一旦患者的呼吸、心跳发生严重障碍时，应立即做人工呼吸、胸外心脏按压等急救措施，抓住最初的几分钟到10多分钟时间，帮助患者呼吸及恢复心跳，使患者能进行自主呼吸，维持其血液循环。

（2）防止残疾

发生意外后在实施急救措施挽救生命的同时，还要尽量防止患者留下残疾。如发生严重的摔伤时，可能会造成腰椎骨折，施救时就不能用绳索、帆布等担架抬救患者，也不能抱或背患者，这样会损伤脊髓，造成其终身残疾，而一定要用门板之类的木板担架转运患者。

（3）减少痛苦

意外事故造成的损伤往往是很严重的，常常会给患者的身心带来极大的痛苦，因而在搬动、处理时动作要轻柔，语气要温和。不要认为救命要紧，其他的都不管不顾，这样会加重患者的病情。

知识拓展

1. 心肺复苏术（CPR）

心脏停搏、呼吸骤停是常见的紧急事故情况，如能在现场及时、正确地实施抢救，很多生命就能被挽救。在正常情况下，心脏停搏3秒时，病人就会感到头晕；10秒时即出现昏厥；30～40秒后出现瞳孔散大；60秒后呼吸停止、大小便失禁；4～6分钟后大脑发生不可逆的损伤。如在4分钟内实施初步的CPR，在8分钟内由专业人员进一步实施心脏救治，死而复生的可能性很大。因此，时间就是生命，速度是关键。初期的4～10分钟是病人能否成活的最关键的"黄金时刻"，在"黄金时刻"抢救患者生命最关键的措施是CPR。

（1）口对口的人工呼吸法

此法简单可靠，用于一般窒息病人。实施时让病人仰卧，头后仰使呼吸道伸展。救护者一手轻压患者环状软骨使食管闭塞，一手捏闭患者鼻孔，深吸气后，紧贴患者嘴唇向其口内快速吹气，吹气量应比平时大。随后，松开患者鼻孔，待患者自然呼气。如此按每分钟16～18次节律反复进行，直至恢复自主呼吸为止。

（2）胸外心脏按压法

让患者仰卧于地面或硬板床上，救护者双手重叠，以下面手掌根部置于患者胸骨下1/3偏左右缘处；救护者双臂挺直，借体重对患者施加压力，将邻近肋骨压陷3～4 cm。用力要均匀，放松要快，反复按压，以每分钟80次左右为宜。每按压4～5次相应做一次口对口人工呼吸。按压时能触摸到患者颈动脉出现与按压一致的脉搏，就说明应继续进行下去，直至患者完全恢复心跳为止。

2. 外伤止血及包扎固定

在各种安全事故和意外伤害中，由于外伤引起的出血常有发生。当一次出血量超过全部血容量的20%时，伤者就会出现脸色苍白、脉搏细弱等休克表现，如不及时予以止血与包扎，就会威胁到伤者的局部和全身器官功能；当出血量达到总血量的40%时，就有生命危险。

（1）常见出血的分类

根据出血的部位，可分为外出血（体表可见到，血管破裂后血液经皮肤损伤处流出体外）和内出血（体表见不到，血液由破裂的血管流入组织、脏器或体腔内）两种。

另外，根据出血的血管种类，还可分为动脉出血（血色鲜红，出血呈喷射状，与脉搏节律相同，危险性大）、静脉出血（血色暗红，血流较缓慢，呈持续状，不断流出，危险性较动脉出血少）及毛细血管出血（血色鲜红，血液从整个伤口创面渗出，一般不易找到出血点，常可自动凝固而止血，危险性小）3 种。

（2）失血的表现

一般情况下，一个成年人失血量在 500 mL 时，基本没有明显的症状。当失血量在 800 mL 以上时，伤者会出现面色、口唇苍白，皮肤出冷汗，手脚冰冷、无力，呼吸急促，脉搏快而微弱等症状。当出血量达 1 500 mL 以上时，会引起大脑供血不足，伤者出现视物模糊、口渴、头晕、神志不清或焦躁不安，甚至出现昏迷症状。

（3）外出血的止血方法

①指压止血法：是一种简单有效的临时性止血方法。根据动脉的走向，在出血伤口的近心端，通过用手指压迫血管，使血管闭合而达到临时止血的目的，然后再选择其他的止血方法。指压止血法适用于头、颈部和四肢的动脉出血。

②加压包扎止血法：是急救中常用的止血方法之一，适用于小动脉、静脉及毛细血管出血。用消毒纱布或干净的手帕、毛巾、衣物等敷于伤口上，然后用三角巾或绷带加压包扎。压力以能止住血而又不影响伤肢的血液循环为合适。若伤处有骨折时，须另加夹板固定。关节脱位及伤口内有碎骨存在时不用此法。

③加垫屈肢止血法：适用于上肢和小腿出血。在没有骨折和关节伤时可采用。

④止血带止血法：当遇到四肢大动脉出血，使用上述方法止血无效时采用。常用的止血带有橡皮带、布条止血带等。

（4）外伤包扎

包扎是外伤现场应急处理的重要措施之一。及时正确的包扎，可以达到压迫止血、减少感染、保护伤口、减少疼痛，以及固定敷料和夹板等目的。相反，错误的包扎可导致出血增加、加重感染、造成新的伤害、遗留后遗症等不良后果。

①常用的包扎材料：有绷带、三角巾、四头带及其他临时代用品（如干净的手帕、毛巾、衣物、腰带、领带等）。

绷带包扎一般用于支持受伤的肢体和关节，固定敷料或夹板和加压止血等。

三角巾包扎主要用于包扎、悬吊受伤肢体，固定敷料和固定骨折等。

②常用的包扎法

a.环形绷带包扎法：此法是绷带包扎法中最基本的方法，用于手腕、肢体、胸、腹等部位的包扎。

方法：将绷带作环形重叠缠绕，最后用扣针将带尾固定，或将带尾剪成两头打结固定。缠绕绷带的方向应是从内向外，由下至上，从远端至近端，开始和结束时均要重复缠绕一圈以固定，打结、扣针固定应在伤口的上部、肢体的外侧；包扎时应注意松紧度，不可过紧或过松，以不妨碍血液循环为宜，包扎肢体时不得遮盖手指或脚趾尖，以便观察血液循环情况，检查远端脉搏跳动，触摸手脚有否发凉等。

b.三角巾包扎法：三角巾全幅打开，可用于包扎或悬吊上肢。

三角巾宽带：将三角巾顶角折向底边，然后再对折一次。可用于下肢骨折固定或加固上肢悬吊等。三角巾窄带：将三角巾宽带再对折一次，可用于足、踝部的"8"字固定等。

（5）骨折固定

由于暴力因素，如直接暴力（受暴力直接打击发生的骨折，如交通事故引起的骨折多属此类）、间接暴力（如从高处跌下，足先着地，引起的脊椎骨折）、肌肉拉力（骤然跪倒时，发生的髌骨骨折，投掷物体不当时引起的肱骨骨折）等，破坏了骨的连续性或完整性而导致的外伤性骨折。如果不进行有效固定，骨折断端就可能刺伤皮肤、血管和神经，从而造成其他组织器官的损伤。这在安全事故和意外伤害中也是很常见的。

①常见骨折分为下述几类。

a.闭合性骨折：骨折处皮肤完整，骨折断端与外界不相通。

b.开放性骨折：外伤伤口深及骨折处或骨折断端刺破皮肤露出体表外。

c.复合性骨折：骨折断端损伤血管、神经或其他脏器，或伴有关节脱节等。

d.不完全性骨折：骨的完整性和连续性未完全中断。

e.完全性骨折：骨的完整性和连续性完全中断。

②骨折的症状：疼痛、肿胀、畸形、骨擦音、功能障碍、大出血等。

③骨折的固定材料：绷带、夹板等。

④骨折的急救原则：

a.要注意伤口和全身状况，如伤口出血，应先止血，包扎固定。如有休克或呼吸、心脏骤停者应立即进行抢救。

b.在处理开放性骨折时，局部要作清洁消毒处理，即用纱布将伤口包好，严禁将暴露在伤口外的骨折断端送回伤口内，以免造成伤口污染和再度刺伤血管和神经。

c.对于大腿、小腿、脊椎骨折的伤者，一般应就地固定，不要随便移动伤者，不要盲目复位，以免加重损伤程度。

d.固定骨折所用夹板的长度与宽度要与骨折肢体相称，其长度一般应超过骨折上下两个关节为宜。

e.固定用的夹板不应直接接触皮肤。在固定时可用纱布、三角巾、毛巾、衣物等软材料垫在夹板和肢体之间，特别是夹板两端、关节骨头突起部位和间隙部位，可适当加厚垫，以免引起皮肤磨损或局部组织压迫坏死。

f.固定、捆绑的松紧度要适宜，过松达不到固定的目的，过紧会影响血液循环，导致肢体坏死。固定四肢时，要将指（趾）端露出，以便随时观察肢体血液循环情况。如发现指（趾）苍白、发冷、麻木、疼痛、肿胀、甲床青紫时，说明固定、捆绑得过紧，血液循环不畅，应立即松开，重新包扎固定。

g.对四肢骨折固定时，应先捆绑骨折断端处的上侧，后捆绑骨折断端处的下端。如捆绑次序颠倒，则会导致再度错位。上肢固定时，肢体要屈着绑（屈肘状）；下肢固定时，肢体要伸直绑。

3.伤病员的搬运

危重伤员经现场抢救后，需安全、迅速地送往医院进行进一步的抢救和治疗。如果搬运方法不得当，可能前功尽弃，造成伤员的终生残疾，甚至危及生命。

常用的搬运方法有徒手搬运和担架搬运两种。徒手搬运法适用于伤势较轻且运送距离较近的伤者；担架搬运适用于伤势较重，不宜徒手搬运，且需转运距离较远的伤者。

可根据伤者的伤势轻重和运送的距离远近而选择合适的搬运方法。

注意事项：

①移动伤者时，首先应检查伤者的头、颈、胸、腹和四肢是否有损伤，如果有损伤，应先做急救处理，再根据不同的伤势选择不同的搬运方法。

②病（伤）情严重、路途遥远的伤病者，要做好途中护理，密切注意伤者的神志、呼吸、脉搏以及病（伤）势的变化。

③上止血带的伤者，要记录上止血带和放松止血带的时间。

④搬运脊椎骨折的伤者，要保持患者身体的固定。颈椎骨折的伤者除了身体固定外，还要由专人牵引固定头部，避免移动。

⑤用担架搬运伤者时，一般头略高于脚，休克的伤者则脚略高于头。行进时伤者的脚在前，头在后，以便观察伤者情况。

⑥用汽车、大车运送时，床位要固定，防止启动、刹车时晃动使伤者再度受伤。

4.烧烫伤急救

烧烫伤一般是指因接触火、开水、热油等高热物质而发生的一种急性皮肤损伤。在众多原因所致的烧伤中，以热力烧伤多见。在日常生活中烧烫伤主要是因热水、热汤、热油、热粥、炉火、电熨斗、蒸汽、爆竹、强碱、强酸等造成，其严重程度都与接触面积及接触时间密切相关。因此，在处理任何烧烫伤时，现场急救的原则是先冷静下来，迅速移出致伤位置，脱离现场，同时给予必要的急救处理，尽可能地降低烧烫伤对皮肤所造成的伤害。

烧烫伤的处理原则如下所述：

（1）冲

以流动的自来水冲洗或浸泡在冷水中，直到冷却局部并减轻疼痛；或者用冷毛巾敷患处至少10分钟。不可将冰块直接放在伤口上，以免使皮肤组织受伤。如果现场没有水，可用其他任何凉的无害的液体，如牛奶或罐装的饮料。

（2）脱

在穿着衣服被热水、热汤烫伤时，千万不要马上脱下衣服，而是先直接用冷水浇在衣服上降温。充分泡湿伤口后小心除去衣物，如衣服和皮肤粘在一起时，切勿撕拉，只能将未粘着的部分剪去，粘着的部分留在皮肤上待以后处理，再用清洁纱布覆盖创面，以防感染。有水疱时千万不要弄破。

（3）泡

继续浸泡于冷水中至少30分钟，可减轻疼痛。但烧伤面积大或年龄较小的患者，不要浸泡太久，以免体温下降过多而造成休克，从而延误治疗时机。但当患者意识不清或叫不醒时，就该停止浸泡赶快送医院。

（4）盖

如有无菌纱布可轻覆在伤口上。如没有，即让小面积伤口暴露于空气中，大面积伤口用干净的床单、布单或纱布覆盖。不要弄破水疱。

（5）送

经上述处理后，最好立即送往医院治疗。

注意事项：

对严重烧烫伤患者，在进行上述步骤时，用凉水冲的时间要长一些，至少10分钟以上，并第一时间打120急救电话，在急救车到来之前，检查患者的呼吸道、呼吸情况脉搏，做好心肺复苏的急救准备。

5.中暑急救

（1）中暑的几种表现

①先兆中暑：是指在高温环境中一段时间后，出现轻微的头晕、头痛、耳鸣、眼花、口渴、全身无力及步态不稳。这种中暑短时间休息即可恢复。

②轻症中暑：是指除以上症状外，还发生体温升高，面色潮红，胸闷，皮肤干热，或有面色苍白、恶心、呕吐、大汗、血压下降、脉搏细弱等症状。

③重症中暑：也称热衰竭，表现为皮肤凉，过度出汗，恶心，呕吐，瞳孔扩大，腹部或肢体痉挛，脉搏快，常突然昏倒或大汗后抽搐、烦躁不安、口渴、尿少、昏迷甚至意识丧失等症状。

（2）中暑的预防

①充足的睡眠。合理安排休息时间，保证足够的睡眠以保持充沛的体能，并达到防暑目的。

②科学合理的饮食。吃大量的蔬菜、水果及适量的动物蛋白质和脂肪，补充体能消耗。切忌节食。

③做好防晒措施。室外活动要避免阳光直射头部，避免皮肤直接吸收辐射热，戴好帽子，衣着宽松。

④合理饮水。每日饮水 3 ~ 6 升，以含氯化钠 0.3% ~ 0.5% 为宜。饭前饭后以及大运动量前后避免大量饮水。

（3）出现中暑症状的处理

①立即将病人转移至阴凉、通风处休息，有利于散热。

②补充盐分及电解质饮料。

③用风油精或清凉油涂于病人的头部太阳穴；口服人丹、十滴水、藿香正气丸等药物。

④重度中暑病人除以上 3 点处理外，应立即转送医院救治。

6. 酒醉（急性酒精中毒）急救

酒精的化学名称为乙醇，对中枢神经系统具有先兴奋后抑制的作用。严重时，可引起呼吸中枢的抑制甚至麻痹，而且对肝脏也有毒性。一旦酒醉，首先出现兴奋现象：红光满面、爱说话、语无伦次，步态不稳以致摔倒；然后呕吐、昏睡、颜面苍白、血压下降，发生急性酒精中毒；最后陷入昏迷，极严重的甚至可造成死亡。

（1）浸冷水

当酒醉者不省人事时，可取两条毛巾，浸上冷水，一条敷在后脑上，一条敷在胸膈上，并不断地将清水灌入口中，可使酒醉者渐渐苏醒。

（2）敷花露水

在热毛巾上滴数滴花露水，敷在酒醉者的脸上，此法对醒酒止呕吐有奇效。

（3）多喝茶

沏上绿茶（浓一些为好），晾温后多喝一些。由于茶叶中所含的单宁酸能分解酒精，酒精中毒的程度就能减轻。

注意事项：

①轻度酒醉的人，经过急救，睡几个小时后就会恢复常态。如果过度兴奋甚至已陷入昏迷，就应请医生处理。

②空腹喝酒还可能引起低血糖症。此时应喝点糖开水，禁忌喝醋，同时要注意保暖和卧床休息。如出现抽搐、痉挛时，要防止咬破舌头。

7. 急性一氧化碳 (CO) 中毒急救

急性一氧化碳中毒，俗称煤气中毒，煤、煤气或其他含碳物质燃烧不完全，都会产生一氧化碳。当空气中一氧化碳浓度增加时，吸入的一氧化碳与红细胞中的血红蛋白结合，形成碳氧血红蛋白，从而造成机体的严重缺氧而死亡。

一氧化碳中毒后，最初感到头痛、头昏、全身无力、恶心、呕吐，随中毒的加深而昏倒或昏迷、大小便失禁、面呈樱桃红色及发绀、呼吸困难，重者因呼吸循环衰竭而死亡。

（1）中毒环境

①北方冬季用煤炉取暖，由于无烟筒或烟筒堵塞、漏气及使用木炭火锅、煤气淋浴器或用炭火取暖等，门窗紧闭，通风不好而发生一氧化碳中毒。

②火灾现场产生大量一氧化碳，火灾区域内人员吸入后，因浓度过大，短时间内可能引起急性中毒。

③工业生产过程中产生大量一氧化碳，因缺乏安全设施或由于机械失检漏气，引起急性中毒。

④严冬关闭紧密的车库，连续较长时间发动汽车也可发生一氧化碳中毒。

⑤冬季用石灰水刷室内墙壁，用煤炉烘房时，门窗紧闭发生中毒。

（2）解救措施

①立即打开门窗通风，使中毒者离开中毒环境，并将其移到通风好的房间或院内，吸入新鲜空气，注意保暖。

②对清醒者采用喂服热糖茶水，有条件时尽可能给其吸入氧气。

③对呼吸困难或呼吸停止者，应进行口对口人工呼吸，且坚持两小时以上；清理呕吐物，并保持呼吸道畅通。对心跳停止者，应进行心肺复苏，同时拨打120请求急救。

8. 呼吸道异物阻塞

呼吸道异物阻塞是由于某些物体堵塞在呼吸道内，导致空气无法正常进入肺部，从而影响正常呼吸。其发生原因多由于进食时注意力不集中，如进食时谈笑等，而使异物直接进入呼吸道。呼吸道异物梗阻是一种极为紧急的状态，必须紧急处理，严重者可导致窒息死亡。主要表现为突然刺激性咳嗽，反射性呕吐，声音嘶哑，呼吸困难；特殊表现为"V"字手势，重者不能说话、咳嗽、呼吸，失去知觉，甚至窒息。

注意事项：

①施救者站在病人身后，用双手抱住病人的腰部，一手握拳，用拇指的一侧抵住病人的上腹部肚脐稍上处，另一只手压住握拳的手，两手用力快速向内向上挤压。

②当病人昏迷倒地时，救护者应面向病人，两腿分开跪在病人身体两侧，双手叠放，下面手掌根放在病人的上腹部肚脐稍上处，两手用力快速地向内向上挤压。

③婴幼儿发生呼吸道异物阻塞时，须将孩子面朝下放在施救者的前臂上，再将前臂支撑在大腿上方，用另一只手拍击孩子两肩骨之间的背部，促使其吐出异物。如果无效，可将孩子翻转过来，面朝上，放在大腿上，托住背部，头低于身体，用食指和中指猛压其下胸部（两乳头连线中点下方一横指处）。反复交替进行拍背和胸部压挤，直至异物排出。

学以致用

①周末，5名同学一起在教室里排练节目。突然，小李头后仰倒地，四肢抽搐，口吐白沫，面色青紫，两眼上翻，小便失禁。同学们吓得失声尖叫，可情况紧急，应如何急救?

_____

_____

_____

_____

_____

_____

②周末，小李提着满满的一桶开水往寝室走，一不小心，脚下的拖鞋一滑，滚烫的开水淋到了她的脚上，她顿时痛得号啕大哭。如果你在场，该怎样施救?

_____

_____

_____

_____

_____

_____

第三章

心理健康与社会适应

心理健康

人际交往

挫折教育

第一节　心理健康

案例导入

案例1　晓敏是某职业学校动漫专业2013级的学生,性格内向,胆小怕事,不爱说话。一天,班级组织团日活动,为培养学生集体主义精神、交流沟通能力以及团队合作意识,班主任要求以寝室为单位,每个寝室所有成员都必须参加,自编自导,分配角色,上台集体表演节目。同学们都希望通过活动锻炼自己,大家热情高涨,每个寝室开始准备节目。1809寝室的室长报告班主任说晓敏不愿意参加节目表演。

案例2　李某是某职业学校会计专业2014级的学生,经常在电话中与父母争吵,平时容易发脾气,总感到别人在欺负他,一点小事就斤斤计较。班主任或任课教师批评她,不但不能说服她,反而认为自己是正确的。有一次,寝室同学王某不小心拿错了漱口杯子,李某勃然大怒,随手用凳子砸向王某,导致王某受伤。

案例3　小强是某职业学校汽修专业2012级的学生,平时喜欢上网打游戏,从不主动给父母打电话,周末经常邀约朋友一起吃饭喝酒。上课不是打瞌睡就是找同学说话,经常迟到、早退,偶尔还旷课。班主任老师对其批评教育无数次,收效甚微。一天,小强到食堂打饭插队被数控专业小明发现,当场指责了小强。小强回到寝室左思右想,觉得小明当众伤了自己的脸面,邀约同学冲进小明寝室,将小明打伤。

案例思考

①你认为案例1中晓敏不愿意参加节目表演的原因是什么? 读完这个故事,对你有什么启示?

_____

_____

_____

_____

_____

②你认为案例 2 中李某容易发怒甚至动手打人的原因是什么？应该怎样避免？

_____

_____

_____

_____

③你认为案例 3 中小强为什么迟到、早退、旷课甚至邀约打架？假如你是小明，你会怎么做？

_____

_____

_____

_____

_____

_____

案例分析

　　案例 1 中的小敏是留守儿童，在年幼时便与父母长期分开，长期寄居在远房亲戚家。家庭环境的不稳定使她缺乏安全感和归属感，从而带来较强的孤独感。晓敏由于缺乏感情依靠，性格内向，遇到一些麻烦事会显得柔弱无助，久而久之变得不愿与人交流。长期的寡言、沉默、焦虑和紧张，极易使晓敏形成孤僻、自卑、封闭的心理，导致在人际沟通和自信心方面自然比其他同学要弱。自我封闭、性格孤僻是留守儿童常见的心理问题，作为晓敏应正确认识自己的心理问题，鼓足勇气，参与班级活动，主动打电话关心父母，交流自己的想法；经常与班主任沟通，定期汇报自己的思想。作为晓敏的同学应主动想办法，说服晓敏参加活动。

　　案例 2 中的李某系离异家庭的孩子。母亲 3 岁就离开了她，与父亲长期生活在一起。李某 16 岁，正处于身心发育时期，情绪欠稳定，再加上意志薄弱，容易造成情绪失控和冲动，还容易对周围人产生戒备和敌对心理。这种敌对心理的一个重要表现就是攻击行为。李某总感到别人在欺负他，一点小事就斤斤计较，对教师、监护人、亲友的管教和批评也易于产生较强的逆反心理，严重者往往还有暴力倾向。情绪失控、容易冲动是离异家庭孩子常见的心理问题，作为李某应重视自己的心理问题，经常提醒自己遇事一定要冷静，加强体育锻炼，培养宽容豁达的人格品质，父母离婚已成事实，主动接受，善待亲人。

案例3的小强是留守儿童，认为家里穷，爸妈没能耐，才会出去打工挣钱，由此产生怨恨情绪和偏激想法。在父母回家后疏远他们，导致情感隔膜。没有树立正确的人生观、价值观，对未来感到茫然。因此进取心不强，纪律涣散，再加上家里无人辅导，学习成绩较差，逐渐开始逃学、辍学，以致过早地流向了社会，沾染上不良习气，喜欢拉帮结伙，缺乏组织纪律观念。小强的行为属于留守儿童典型心理问题之一：认知偏差，内心迷茫。小强应正视家庭的贫困和父母的远离，勤奋学习技能，改变家庭现状。

安全预防

身心双健是德技双馨的基础，怎样才能成为一个身心健康的自然人呢？

①坚持体育锻炼。"每天锻炼1小时，健康工作50年，幸福生活一辈子"。充分利用学校的各种体育设施开展体育活动，如跑步、快走、踢足球、投篮球、打乒乓球、打羽毛球等。也可以自备运动器材进行锻炼，如踢毽、跳绳、跳橡皮筋、练习瑜伽等。

②充分发展智力。一个人智力的高低，除了先天原因外，出生后的学习训练也很重要。虽然中职学生通过眼睛看书学习理论知识的能力较差，但往往通过动手学习专业技能的能力较强。因此，同学们应互相鼓励，勤奋学习专业技能，不断提高人文素养，充分发展自己的智力。

③搞好同学关系。一个心理健康的学生对周围同学应该很友好，主动关心同学，心胸开阔，豁达大度，不斤斤计较，学会欣赏别人的优点，主动参加集体活动，与同学友好相处。

④正确认识自己。既不骄傲自满，也不要认为自己什么都不如别人。学会认识自己，知道自己的优点和不足，敢于面对别人的批评和赞扬。遇事有主见，不盲目随从，这样就能很好地对待周围的人和事。根据自己的个性特征、兴趣、爱好和特长，明确今后就业的方向，充分挖掘自身潜能。

⑤保持情绪良好。心理健康的学生，往往是精神愉快，做事注意力集中，说话有条有理，学习效果较好；相反，有些学生经常发脾气，无缘无故哭闹或者愁眉苦脸，也有

的特别胆小怕事，这些都是身心不够健康的表现。保持良好的情绪，学会悦纳自己，欣赏自己，包括自己的容貌、身材、特长等。乐观向上，充满自信，阳光灿烂每一天。

知识拓展

根据世界卫生组织关于健康的定义：健康乃是一种在身体上、精神上的完美状态，以及良好的适应力，而不仅仅是没有疾病和衰弱的状态。

从广义上讲，心理健康是一种高效而满意的、持续的心理状态。从狭义上讲，心理健康是指人的基本心理活动过程内容完整和协调，能适应社会，与社会保持同步。

学以致用

2014 年 9 月，我校新生报到军训结束开始上课，晓玲上课注意力集中不起来，老是想打瞌睡，老师讲的专业知识、技能训练动作以及操作步骤也记不清楚。你认为晓玲该怎么办？为什么？

_____

_____

_____

_____

_____

_____

安全提醒

①认识自己，悦纳自己

通过学习树立积极的自我概念，正确对待自己和别人的评价，认清和挖掘自己的优点，增强自信心，同时又要敢于正视自己的弱点，悦纳自己的缺点和不足，用发展的眼光看自己。

②乐观向上，学会担当

遇事冷静对待，就算是不好的事也能从容面对，而不是逃避。凡事从客观、好的角度看，待人也是可爱可敬，宽容大度。善待周围的亲人、同学、朋友、老师、同事。培养公民意识，主动承担社会义务，树立为大众服务的观念。培养企业主人翁意识，学会承担岗位工作，培养为企业创造利润的思想。培养家庭观念，学会承担家庭责任，树立正确的恋爱观、幸福观。

③面对挫折，笑迎挑战

学生在学习、生活乃至今后的工作中难免或遇到各种困难，接触矛盾，甚至会遭到失败的打击。因此，学生应该勇敢面对挫折，学会解决问题，消除矛盾，接受各种挑战。

④适应环境，敬业乐群

中职学生大多来自边远的农村或城市低收入家庭，受父辈影响，对未来生活和工作缺乏信心，容易受到外界的干扰，缺乏独立自主的意识。学校通过专业教育和系列活动，培养学生环境适应能力，尤其是适应企业管理能力。

第二节　人际交往

案例导入

案例1　小燕从小寄居在姑父家，父母常年在外打工，很少回家。姑父的哥哥经常到姑姑家来玩，顺便还给小燕买些零食，让小燕倍感温暖。有一天，小燕独自一个人在家，姑父的哥哥又来到家里，见只有小燕，就引诱小燕上床同他一起睡午觉，小燕不幸被诱奸了。姑父的弟弟威胁小燕不能告诉别人。不久，小燕发现没来月经，而且肚子越来越大，不知道该怎么办。

案例2　小君是某中学2013级的住校学生。星期天从老家赶回学校上晚自习，因途中堵车，到达重庆时天色已晚，在公交车站候车时非常着急，恰好遇到摩托车司机王某提出愿意免费搭乘李某回学校，于是小君上车。王某边开摩托车边和小君聊天，小君完全没有想到会被搭乘到一废弃的拆迁房。周围黑灯瞎火，没有人烟，在毫无戒备的情况下，小君与王某发生了性关系。返回学校后，小君将此事告诉了自己的母亲，母亲告诉班主任，立即报案并采取了防止妊娠的保护措施。

案例3　小会是某职业学校物流专业2010级的学生,平时喜欢上网聊天交接朋友。一天,网友刘某约她见面,小会见平时和刘某挺谈得来,而且刘某还经常鼓励她认真学习,于是就约上同班同学到步行街与刘某见面。见面后,刘某发现小会带同学来非常生气,于是开始骂骂咧咧。小燕非常吃惊,原以为善解人意的刘某不但斯文扫地,而且穿戴邋遢,与想象中的白马王子相距十万八千里。于是,小燕和同班同学赶快逃离。

案例思考

①案例1中小燕肚子为什么会越来越大? 她应该怎么办?

_____

_____

_____

_____

②案例2中小君为什么会上当受骗? 应怎样避免?

_____

_____

_____

_____

③案例3中小会是否应该去见网友? 假如你是小会,你会怎么做?

_____

_____

_____

_____

案例分析

案例1中的小燕是和男性长辈发生性关系怀孕了。小燕发现自己没有按时来月经，加上与男性长辈发生了性关系，应该告诉父母或班主任老师，请求报案，同时尽快到医院检查处理。怀孕时间越长，人工流产手术难度越大，轻则损伤子宫，影响后期生育能力，重则危及自身生命。

案例2中的小君缺乏安全意识，随便搭乘陌生人的摩托车，而且在乘车途中没有发现王某的不良企图，原本可以避免的悲剧发生了。但小君能够在事情发生后第一时间告知母亲，母亲通知班主任及时采取了防止受孕措施，在24小时之内服用了避孕药。虽然对身体有些伤害，但有效地避免了更严重的伤害发生，同时将罪犯绳之以法。

案例3的小会喜欢上网聊天交朋友，而赴约见网友，对于未成年人来说是非常危险的。小会赴约见网友带上同学，并且将约会地点定于步行街，同时发现网友动机不纯马上离开是非常明智的。

安全预防

学会正确的人际交往，在与人交往的过程中避免上当受骗，尤其是女孩子更应该学会保护自己，防止受到伤害。

①与男性长辈或邻居交往时应保持警惕，尽早识别，对不怀好意的男性长辈或邻居要有戒备，避免单独相处，防止发生性侵害。

②不要搭乘陌生人的机动车、自行车或三轮车，防止落入坏人圈套。

③夜间不要单独外出，如确需外出，最好结伴而行，选择有路灯或行人较多的路线，保持联络。

④不要穿过分暴露的衣衫和裙子，防止产生性诱惑。

⑤遇到不怀好意的男人挑逗，要及时斥责，表现出自己应有的自信和刚强；如果遇上坏人，首先要高声呼救，假使周围无人，切莫慌张，要保持冷静，利用随身携带的物品，或就地取材进行自卫反抗，还可以采取周旋、拖延时间的办法等待救援。

⑥一旦不幸遭到侵害，不要丧失信心，要振作精神，鼓起勇气同犯罪分子作斗争。要尽量记住犯罪分子的外貌特征，如面貌、体形、语言、服饰及特殊标记等。要及时向公安机关报告，并提供证据和线索，协助公安保卫部门侦查破案。同时在医生的指导下及时服用"毓婷"或"妈富隆"等终止怀孕的药品。

　　适应社会，最基本的要求是要学习和懂得一些人际的交往知识。人际交往也称人际沟通，是指个体通过一定的语言、文字或肢体动作、表情等表达手段将某种信息传递给其他个体的过程。人际交往包含了竞争、合作、双赢、发展，学生应学会与父母、老师、同学、朋友及他人进行正确的交流和沟通，懂得人际交往的基本礼仪，学会感恩、诚信为人、懂得尊重他人、尊重社会。努力做到以下几点：

　　①诚信待人处事。诚实守信是为人处世基本的道德规范之一。俗话说"诚信走遍天下"，以诚待人、守信于人，才能得到别人的尊重、信任和支持，才有利于营造和谐友善的人际关系，有利于个人的进步和事业的发展。相反，背信弃义、坑蒙拐骗、唯利是图、见利忘义，必将失信于人、遭人唾弃，甚至于众叛亲离，最终在社会上难以立足。因此，学生想立足社会，必须诚实守信。

　　②培养奉献精神。克己奉公、无私奉献是中华民族的传统美德。古人有"先天下之忧而忧，后天下之乐而乐"的铮铮言词。现代教育家陶行知说："捧着一颗心来，不带半根草去。"学生要学会用无私奉献精神处理好个人与集体、个人与国家的关系。要严于律己，克勤克俭，艰苦朴素，牢记为人民服务的宗旨，满足人民需要，维护人民利益，为国家富强、民族振兴、社会和谐、人民幸福做贡献。

　　③学习社会经验。根据社会发展的方向确定自己的方向和使命。在陌生人面前要学会察言观色，"害人之心不可有，防人之心不可无"，要充分认识社会的复杂性，以免受骗上当。

　　④朋友择善而交。结交朋友必须有一定的道德标准，有所选择，择善而交。不能不分对象，不分良莠，什么人都交，什么人都敢交。中职学生中有的喜欢听好话，喜欢别人吹捧，与溜须拍马的人交朋友；有的贪图享乐，与有钱的人交朋友；有的喜欢所谓的"江湖义气"，与混混交朋友，这些都应该避免。

　　⑤学会与人沟通。沟通能力无论在生活中或者是工作中都十分重要。在生活中，他能帮助学生与他人交流信息，建立友谊，促进合作；在学习中，它能保障各种任务的顺利执行。如果事先充分沟通，生活中的大部分问题都可以避免。一个善于与别人交流的人，可以让别人理解与接受自己的设想，也可以得到别人的充分信任，相互之间更能团结合作。高超的沟通能力，是事业成功的基础和保障，因此，我们要努力提高沟通能力。

知识拓展

学以致用

　　2014年9月，晓蓉刚到学校认识了高年级的男同学王某，两人很谈得来，很快发展成为恋爱关系。交往一段时间后，晓蓉发现王某性格粗暴而且非常武断，要求晓蓉必须听从他的安排。晓蓉非常痛苦，想结束两人的恋爱关系，不知道该怎么办？请你为晓蓉支招。如果你是王某，应该采取哪些措施改变自己？

_____

_____

_____

_____

_____

_____

_____

!! 安全提醒

①与异性长辈、邻居、朋友、同学交往时要有戒备心理，尽量避免单独相处。

②不要轻易相信新结识的朋友，更不要单独跟随新认识的人去陌生的地方。

③遇到不想交往的异性朋友，一定要委婉拒绝。恋爱不成，但仍是好同学、好朋友，不可结怨，更不可以成为仇人、敌人。

④如果不幸遭到性侵害，一定要及时告知父母或班主任，及时采取补救措施。

⑤如果发现自己怀孕了，一定要尽早到正规医院手术，切忌不能拖延，更不能到私立医院或自行处理。

⑥结婚登记后，如果暂时不想生孩子，女方应采取口服避孕药或放置避孕膜；男方应采取使用避孕套的措施，防止无准备怀孕，避免女方子宫受到伤害。

第三节　挫折教育

案例导入

- -

案例1　小欣出生在一个偏远的农村乡镇，家里有 5 姊妹，父母还想生 1 个男孩。尽管父母整天在外打工，但家里还是一贫如洗。为了再生 1 个弟弟，父母忍痛将小欣送给了别人。小欣来到养父家里，养父非常疼爱她，虽然年老多病，家境不好，但仍坚持让小欣上学。初中毕业，小欣想到重庆就读中职学校，但考虑到养父年老体弱，无力承担学费和生活费，犹豫不决。在同学们准备到重庆上学的头一天晚上，小欣鼓足勇气给招生老师打电话，反复询问学费和生活费需要多少。招生老师鼓励她：只要想到重庆读书，任何困难都是可以解决的。第二天，小欣带着简单的行李来到学校就读"3+2"高职会计专业。招生老师特委托高年级的同学带她周末到餐馆做服务员或到超市做促销员，还被安排到学校食堂帮忙。尽管能够通过兼职工作挣些收入，但考虑到大专的学费昂贵，小欣省吃俭用，用三年周末、寒暑假时间凑齐了大专阶段13 000元的学费，还买了1台手提电脑，通过努力拿到了全日制大专学历和会计从业资格证书。如今，小欣在一家外资连锁企业做行政专员，月收入3 000元以上，按时给家中70多岁的养父寄生活费并定期回家看望。

案例2　小刚从小在某县城中学上学，因学校离家近，父母在家经商，长期走读住在家中。由于中考成绩不理想，在父母的开导下来到重庆某职业学校就读汽修专业。新学期开始军训，天气炎热，寝室没有空调，小刚开始变得烦躁。同寝室的男生来自于其他区县，小刚觉得谈不拢，于是开始想家。有一天，寝室的同学因为天热睡不着觉，趁班主任老师和宿舍管理员睡觉了，几个同学开始抽烟、喝酒、聊天。小刚无法忍受，提出退学。班主任老师反复交流，仍坚持回老家读高中。

案例3　晓蔓是2009级"3+2"高职会计专业的学生，进校学习近两年，晓蔓提出留级，转到2011级学前教育专业就读。问其原因，晓蔓觉得当初选会计专业是父母一再劝说，勉强学习了1年，发现自己根本没有入门，什么都没有学到，不如回到起点，重新选择。班主任老师开导她，专业学习是一个漫长的过程，任何职业都有利弊，我们应该坚持不懈。同学们鼓励她，希望晓蔓能够留下来继续就读会计专业。晓蔓勉强答应了。在老师和同学们的帮助下，晓蔓自己也非常努力，晓蔓连续报考了5次，终于考取了会计从业资格证书。如今，晓蔓是某品牌内衣驻重庆某地区的代理，每天都和数字打交道，登记明细账，月收入超过10 000元。回想当初，晓蔓庆幸自己当初坚持读完会计专业。

案例思考

①案例1中小欣遇到了什么挫折？她是怎么解决的？

＿＿＿＿＿＿＿＿＿＿＿＿＿＿＿＿＿＿＿＿＿＿＿＿

＿＿＿＿＿＿＿＿＿＿＿＿＿＿＿＿＿＿＿＿＿＿＿＿

＿＿＿＿＿＿＿＿＿＿＿＿＿＿＿＿＿＿＿＿＿＿＿＿

②案例 2 中小刚选择退学是正确的吗？如果是你，应该怎么办？

＿＿＿＿＿＿＿＿＿＿＿＿＿＿＿＿＿＿＿＿＿＿＿＿

＿＿＿＿＿＿＿＿＿＿＿＿＿＿＿＿＿＿＿＿＿＿＿＿

＿＿＿＿＿＿＿＿＿＿＿＿＿＿＿＿＿＿＿＿＿＿＿＿

＿＿＿＿＿＿＿＿＿＿＿＿＿＿＿＿＿＿＿＿＿＿＿＿

③案例 3 中晓蔓遇到什么挫折？她的成功给了我们什么启示？

＿＿＿＿＿＿＿＿＿＿＿＿＿＿＿＿＿＿＿＿＿＿＿＿

＿＿＿＿＿＿＿＿＿＿＿＿＿＿＿＿＿＿＿＿＿＿＿＿

＿＿＿＿＿＿＿＿＿＿＿＿＿＿＿＿＿＿＿＿＿＿＿＿

＿＿＿＿＿＿＿＿＿＿＿＿＿＿＿＿＿＿＿＿＿＿＿＿

案例分析

　　案例 1 中的小欣从小家境贫困，被体弱多病的养父收养后仍然没有改变贫穷的家境。早年的挫折并没有让小欣彻底绝望，虽然中考成绩不理想，但渴望通过职业学校改变命运。坚强的小欣在老师的引导下，自力更生，长期在业余时间担任服务员、促销员等兼职工作，坚持完成了大专学业，找到了一份满意的工作。勤奋好学、坚持不懈、勤俭节约、热爱劳动、遇到挫折不屈不挠是小欣优秀的人格品质，值得我们学习。

　　案例 2 中的小刚显然不适应中职学生的住读生活，他仍然怀念过去在父母身边的日子。害怕军训苦练，未能与新同学友好相处，发现同学行为出格未能采取制止措施或报告班主任，选择退学是一种逃避问题的行为。说明小刚适应环境能力较差，且不会正确处理遇到的挫折。

　　案例 3 中的晓蔓在会计专业学习过程中遇到了挫折，提出转专业，但晓蔓能够在老师的引导下，采取多问、多练、多花时间的方式坚持学习最终取得成功。本案例说明，在人生的旅途中难免会遇到这样那样的挫折，应该听取别人友好的建议，采取积极的应对措施，困难是可以克服的。经历过挫折的人会变得更加坚强，在今后的工作、生活和学习中会有更多的应对措施。

安全预防

在现代社会生活中，由于竞争越来越激烈，人们不可避免地会遭受到各种挫折。中职学生人生经验较少，心理承受能力较差，一旦遇到挫折或受到批评，如缺少理性的思考，极易产生自责、紧张、敏感、焦虑等情绪，表现出精力不集中、心情郁闷、冷漠退让、放弃追求、逃避现实、攻击别人等行为，从而影响正常的学习、生活和身心健康，甚至出现轻生行为。因此，我们应学会接受挫折、抵抗挫折，提高耐挫能力，锻炼耐挫意志，增强耐挫毅力。对待挫折，每个人都有各自的办法，总的来看，下述经验值得借鉴。

①正视挫折。挫折使我们又多学了一些在正常情况下无法学到的知识，是使我们更加倾向成熟的一种有效途径，只有这样，我们才会不怕挫折，才能更加正确地对待挫折。

②克服挫折。学生遭到挫折以后，要想方设法克服。克服挫折不仅是学生掌握解决一个问题的答案，而且要让学生掌握解决问题的方法以及在解决问题后感受到成功的喜悦。

③受益挫折。挫折并不可怕。可怕的是我们遭受了挫折，却没有从中受益。人不应当在同一个地方跌倒。对于在生活中遭遇的挫折，要从中学到一些经验，并内化为自己的知识，为自己所用。挫折带给我们的礼物是"吃一堑，长一智"。

知识拓展

挫折含有两种意思：一是指阻碍个体动机性活动的情况；二是指个体遭受阻碍后所引起的情绪状态。心理学中对挫折的定义是个体在从事有目的活动时遇到障碍、干扰，并难以克服，致使个人动机不能实现、个人需要不能满足而产生的消极的情绪体验和心理状态。

中职学生的挫折通常有3个方面，如下所述。

1. 学业挫折

由于学习上的失败或偶尔失败给学生造成的一种心理障碍。这种障碍使人倍感烦恼。学习是极为复杂的活动，学习中的学业压力、同学间的竞争、考试失败、成绩陡降、老师的误解和指责导致学生产生心理压力，难免使其感受到或大或小的挫折，产生各种不良情绪，其中也包括成绩较好的学生偶尔失败的挫折和学习稍差学生的学习挫折。

2. 交往挫折

在人际交往中，因与别人的意见、观点不同产生矛盾而感到不适、恐慌、害怕与人接触的一种心理障碍。这种障碍使人感到不愉悦。学校是一个群体，在学习和生活中，学生总要和不同性格的同学、教师交往。中职生已经有了较强的独立意识，对事情有一定的见解，因"意气用事"，很容易产生交往挫折。如有的同学由于消费的问题与父母闹僵，有的同学因为摩擦发生争执以致与同学关系紧张不和。

3. 情感挫折

人的感情受到伤害或打击而产生的苦闷、抑郁，甚至不能自拔的一种心理障碍。主要包括：①来自朋友之间的情感挫折。因朋友不理自己、和朋友闹矛盾、朋友变故等造成的情感、情绪波动，产生伤心、苦恼等情绪。②来自家庭的情感挫折。因父母婚变、家长性格极端、家长处理事情的方法不当给学生带来的失落、苦闷、彷徨等情绪。

中职学生的心理机制不完善，易被挫折感控制。所以，学生在学习和生活中遇到挫折时，应在老师的引导下，以积极的心理状态去对待挫折，将挫折看作对自身的一种锻炼和考验，是对自己意志的砥砺，让自己尽快摆脱挫折，走出困境。

学以致用

2014年9月，晓勇进入一所中职学校数控专业学习，喜欢上学前教育专业的女生晓芳，然而，晓芳拒绝了晓勇的求爱。你认为晓勇遇到了什么挫折？该怎么办？

_____

_____

_____

_____

_____

_____

_____

①遇到挫折，积极寻求帮助，尽快驱赶挫折经历带来的心理阴影。

②正视挫折，勇敢面对问题，积极寻求解决问题的方法。

③面对挫折，学会解决问题，消除矛盾，走出困境，接受各种挑战。

第四章

网络安全

养成良好的上网习惯

文明上网，共创和谐

防止网络诈骗

第一节 养成良好的上网习惯

案例导入

案例1 在图 8-1 中，中学生模样的年轻人侧卧在床上，双手紧握手机，正在聚精会神地打游戏。他身形消瘦，目光呆滞，沉迷其中。

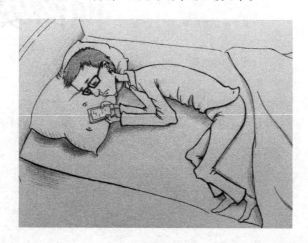

图 8-1 游戏人生

案例2 王某是某职业学校学生，经常迷恋网吧。2011 年元旦节，学校放假三天，王某卖掉手机，"筹集"好资金后，径直去了某网吧。3 天的时间，他一直在网吧吃，在网吧睡，在网吧玩。当他意识到要上学的时候，已是第四天凌晨，清晨五点左右，王某晃晃悠悠地走到校门口，因担心被保安盘问，他偷偷端来值班室外的一张凳子，慢慢爬上了学校高高的围墙，可精神恍惚的他，刚爬上围墙，就重重地摔了下来。王某头部着地，重伤不治身亡。

案例3 张某某是某职业学校学生，作为电脑黑客高手的他曾多次被电视台采访。但进入高中以后，迷恋上网游的他开始厌学、逃课、打架，成绩一落千丈，两个月后，父母将他转入了一所中职学校。本该痛改前非，无奈恶疾难除。一个月后的一个周末，张某某拿到生活费后就邀约同学杨某某外出上网。学校老师、家长四处寻找未果。一个星期后的凌晨，他们花光了最后一分钱，才向家长拨打了求助电话。家长痛定思痛，直接叫车将他送去进行了半年的强制戒网。半年后，他终于以崭新的姿态回归学校。

案例思考

①案例1让你想到了什么? 对你有什么启示?

_____

_____

_____

_____

②案例2中导致王某摔死的原因有哪些? 这个案例对你有什么启示?

_____

_____

_____

_____

③案例3中, 张某某从计算机的弄潮儿逐渐沦落为网游的受害者, 你认为主要原因是什么? 这个案例对你有什么启示?

_____

_____

_____

_____

案例分析

　　丰富多彩的网络世界, 为广大青少年益智广识提供了前所未有的便利条件。但网络是一把双刃剑, 既有有益于人类发展的一面, 也有危害人类利益的一面。

　　案例1中, 很多年轻人沉迷网络, 游戏人生, 不思进取。故我们要合理利用网络, 不能让它成为腐蚀我们的精神毒品。

案例2中的王某在网吧连续奋战三天三夜，导致精神恍惚，翻墙坠地，不幸身亡，可惜了大好青春。

案例3中的张某某从一个电脑黑客堕落成网游的受害者，成也网络，败也网络，幸运的是他终于成功戒除网瘾，回归校园。

安全预防

由于中学生身心发展的不成熟，网络的诱惑性造成中学生"网络上瘾""网络孤独"等症状。网络中到处都是新鲜的事物，而且在不断地增加。因此，对易于接受新鲜事物的中学生有着无限的吸引力，这种吸引往往会导致中学生对网络的极度迷恋。由于他们心理素质不强，自制能力相对较弱，所以成为网络性心理障碍的多发群体。患者因为将网络世界当作现实生活，脱离时代，与他人没有共同语言，从而表现为孤独不安、情绪低落、思维迟钝、自我评价降低等症状，严重的甚至有自杀意念和行为。

因此，对正处于成长关键时期的中职学生来说，养成良好的上网习惯尤为重要，我们约定：

①合理利用网络资源，促进学习进步，不要随便进入网络场所，不沉迷游戏，不浏览非法网站、视频、图片等。

②文明上网，提高法律意识，不在网上随意发布有损他人声誉和利益、扰乱社会稳定的有害信息，并对以上所述信息不随意转发、跟帖，否则会触犯法律，构成网络造谣罪。

③不准将手机带入学校和课堂，一经发现，一律没收。如发现在课堂上利用手机上网、打游戏、聊天等不良行为，应按学校校纪校规严肃处理。

知识拓展

沉迷网络的危害如下所述。

①使自控能力差的同学沉溺网中，不能自拔，花费大量时间上网，从而影响学业。

②网络资源良莠不齐，容易接触不良网页，如色情、暴力等。中职学生自控能力差、分辨能力弱、容易受人影响，常常会因为网上不良内容而走上犯罪道路。

③长时间上网容易造成大脑缺氧，从而引起精神萎靡，严重的可能引发猝死。

④一些长期长时间上网的学生容易产生孤独感，整天沉溺于幻想中脱离现实，而当他们真正面对社会和人群的时候，就会因为想象和距离的问题产生退缩感，不敢与人正常沟通。

⑤许多中学生因为玩一些暴力网络游戏从而使自己模糊了真人与游戏对象的区别，常常无意识地模仿游戏来对待身边的人。

⑥长期上网需要大量金钱，在没有钱的时候，自控能力弱的人会不择手段寻找金钱，甚至会走上违法犯罪道路。

⑦网吧往往是无业游民、瘾君子、罪犯的藏匿地点，在其中逗留时间太久往往会出意外，或受人引诱、胁迫。

　　张某是某职业学校三年级学生，本来信誓旦旦要考上大学，可偏偏在最关键的时候迷上了网络游戏。他将绝大部分生活费花费在上网、买装备上了，剩下的钱只够啃馒头、吃泡菜。天天晚上躺在床上就开始玩，直到凌晨四点左右，一到上课时间他就精神萎靡，神情呆滞，甚至呼呼大睡。如果你是他的好友，你将如何劝导他？

第二节　文明上网，共创和谐

案例导入

案例1　"秦火火事件"

　　中国新闻网4月14日电：备受关注的网络推手"秦火火"涉嫌诽谤、寻衅滋事一案于2014年4月11日上午9时在北京市朝阳区人民法院第三法庭依法公开开庭审理，庭审过程使用微博直播。

　　"秦火火"，真名秦志晖；"立二拆四"，真名杨秀宇。警方查明，秦、杨二人曾公开宣称：网络炒作必须要"忽悠"网民，必须要煽动网民情绪与情感，才能将那些人一辈子赢得的荣誉、一辈子积累的财富一夜之间摧毁。他们公开表示："谣言并非止于智者，而是止于下一个谣言"。秦、杨等人组成网络推手团队，伙同少数所谓的"意见领袖"，组织网络"水军"长期在网上炮制虚假新闻、故意歪曲事实，制造事端，混淆是非、颠倒黑白，并以删除贴文替人消灾、联系查询IP地址等方式非法攫取利益，严重扰乱了网络秩序，其行为已涉嫌寻衅滋事罪、非法经营罪。秦志晖、杨秀宇二人对所做违法犯罪事实供认不讳。

法院以诽谤罪判处秦志晖有期徒刑两年，以寻衅滋事罪判处有期徒刑1年6个月，决定执行有期徒刑3年。法院认定被告人杨秀宇的行为构成非法经营罪，一审判处杨秀宇有期徒刑4年，罚金人民币15万元。

案例2 网络谣言引发疯狂的食盐抢购风潮

2011年3月11日，日本东海岸发生9.0级地震，造成日本福岛发生核泄漏事故。谁也没想到这起严重的核事故竟然在中国引起了一场令人咋舌的抢盐风波。从3月16日开始，中国部分地区开始疯狂抢购食盐，许多地区的食盐在一天之内被抢光，期间更有商家趁机抬价，市场秩序一片混乱。引起抢购的是两条消息：食盐中的碘可以防核辐射；受日本核辐射影响，国内盐产量将出现短缺。

经查，3月15日中午，浙江省杭州市某数码市场的一位网名为"渔翁"的普通员工在QQ群上发出消息："据有价值信息，日本核电站爆炸对山东海域有影响，并不断地污染，请转告周边的家人朋友储备些盐、干海带，一年内暂不要吃海产品。"随后，这条消息被广泛转发。16日，北京、广东、浙江、江苏等地发生抢购食盐的现象，产生了一场全国范围内的辐射恐慌和抢盐风波。

3月17日午间，国家发改委发出紧急通知强调，我国食用盐等日用消费品库存充裕，供应完全有保障，希望广大消费者理性消费，合理购买，不信谣、不传谣、不抢购。并协调各部门多方组织货源，保障食用盐等商品的市场供应。18日，各地盐价逐渐恢复正常，谣言告破。

3月21日，杭州市公安局西湖分局发布消息称，已查到"谣盐"信息源头，并对始作俑者"渔翁"作出行政拘留10天，罚款500元的处罚。

案例3 甘肃白银学生网上传播谣言扰乱社会秩序受处罚

中国甘肃网2013年7月30日讯　据兰州晨报报道，白银公安分局近日查处一起传播谣言扰乱社会秩序案，对其中1人给予行政警告处罚。

据了解，今年17岁的白银高二学生李某，7月14日在"百度贴吧-白银吧"发帖，该贴为虚假信息，且该信息已于7月14日经兰州市公安局腾讯官方微博确认为虚假信息。

7月16日，白银公安分局网安大队以散布谣言扰乱社会秩序受理该案。23日对李某给予行政警告处罚。

案例思考

①案例 1"秦火火事件"对你有什么启示？

_____

_____

_____

_____

②案例 2"网络谣言引发疯狂的食盐抢购风潮"有哪些社会危害？

_____

_____

_____

_____

③在案例 3 中，学生李某传谣受罚对你有什么警示？

_____

_____

_____

_____

案例分析

互联网的兴起，使信息传播的速度和广度实现了质的飞跃，互联网的发展正深刻影

响和改变着我们所处的政治、经济、文化和社会环境。

然而，互联网传播快，范围广，把关不严等，导致互联网泥沙俱下。在我国，网络谣言成为互联网时代的一个显性问题，特别是论坛、博客、微博的兴起，使谣言的传播有了新的平台，谣言传播的广度和渗透强度都大大增加，这促使谣言传播在人群中快速形成了感染效应，一些具有攻击性和潜在攻击性的谣言，会给个人与社会造成惨痛的损失。尤其是在谣言的传播过程中，掺杂着许多非理性的情绪，容易激化社会矛盾，造成严重的社会群体性事件。

我们强调言论自由，但自由的言论与真实的表达缺一不可，二者结合才能真正成就网络法治化和言论自由化。

案例1中，"秦火火""立二拆四"利用信息网络实施的诽谤等犯罪具有现实的社会危害性。网络是一个公共的舆论空间，网络秩序是社会公共秩序的重要组成部分。在网络时代，每个人都可以成为信息的发布者和传播者，每个人都应当自觉遵守法律法规，对自己言行负责，否则，必将受到法律的严惩。

案例2和案例3中造谣者信口雌黄，引发了社会危机，引起了社会恐慌和信任危机，造成了疯抢事件和恐慌心理。一旦网络谣言对社会造成了危害，要去破解它、弥补它，就需要付出巨大的经济和社会成本。因此，网络谣言极容易蛊惑人心，加剧社会恐慌，对社会正常秩序造成难以愈合的破坏。造谣者理当受到法律的惩处。

安全预防

网络的迅猛发展在给信息交流带来快捷方便的同时，也使谣言"插上了飞翔的翅膀"。借助现代信息技术，网络谣言不仅限于特定人群、特定时空、特定范围传播，其传播速度与影响范围呈几何级数增长，危害巨大，后果十分严重。

小而言之，网络谣言败坏个人名誉，给受害人造成极大的精神困扰；大而言之，网络谣言影响社会稳定，给正常的社会秩序带来了现实或潜在的威胁，甚至损害国家形象。以互联网为代表的信息技术极大地促进了信息的流动，其传播速度和范围都是传统信息传播渠道难以比拟的。一则小小的谣言在网络时代很有可能引起"蝴蝶效应"，进而造成严重的后果。

公民个人需要增强社会责任感，在发言之前，应首先考虑自己的发言是否有确凿依据，是否会给他人和社会造成不良影响，并做到不造谣、不传谣、不信谣。在这个信息高速传播的网络时代，更要求我们提高自身素质，自觉遵守社会公德。不要盲从，不要忽视小小谣言可能会带来的危害。

《最高人民法院、最高人民检察院关于办理利用信息网络实施诽谤等刑事案件适用法律若干问题的解释》2013年9月9日公布。解释规定，诽谤信息被转发达500次可判刑。这个总共10条的司法解释，通过厘清信息网络发表言论的法律边界，为惩治利用网络实施诽谤等犯罪提供了明确的法律标尺，从而规范网络秩序、保护人民群众合法权益。

知识拓展

《文明上网自律公约》
自觉遵纪守法，倡导社会公德，促进绿色网络建设；
提倡先进文化，摒弃消极颓废，促进网络文明健康；
提倡自主创新，摒弃盗版剽窃，促进网络应用繁荣；
提倡互相尊重，摒弃造谣诽谤，促进网络和谐共处；
提倡诚实守信，摒弃弄虚作假，促进网络安全可信；
提倡社会关爱，摒弃低俗沉迷，促进少年健康成长；
提倡公平竞争，摒弃尔虞我诈，促进网络百花齐放；
提倡人人受益，消除数字鸿沟，促进信息资源共享。

学以致用

本班为推动网络文明建设，营造遵守法律法规、尊重社会公德的网络环境，抵制庸俗、低俗、媚俗之风，将举办"文明上网，共创和谐"主题班会。请你设计主题班会的活动方案。

_____

_____

_____

_____

_____

_____

_____

第三节　防止网络诈骗

案例导入

案例1　2013年3月，某职业学校学生刘某某在浏览某求职网站时，看到"兼职刷客"信息（通过帮人刷信誉获得佣金），于是通过QQ与网站"客服"取得联系。"客服"让刘某某到正规网站购买100元面额的充值卡，并将密码发送过来进行充值，成功后会将本金和佣金共计103.5元返还到刘某某的银行卡上。刘某某将信将疑地做了1次后，对方很快就把佣金和本金返到刘某某的支付宝里。首次交易成功后，"客服"要求刘某某照此继续操作。此后，刘某某再次到正规网站购买了总计金额1 500元的充值卡，但这次"客服"要求刘某某拍满50单才能返钱，因刘某某要求对方先返佣金和本金，对方没有同意并将刘某某"拉黑"，刘某某才意识到自己被骗了。

案例2　2012年7月，山东青岛胶南市民程某在家与国外留学的儿子QQ在线交流，儿子声称好友急需用钱请求帮助。程某立即按照儿子提供的银行卡号汇款10万元，之后与其儿子联系时发现受骗，遂向当地公安机关报案。接案后，青岛公安机关立即组织开展调查，发现这是一个涉及国内多地、作案分工明确的诈骗团伙。其中"网络操盘手"负责混入外国留学生QQ群，通过诱骗留学生与之聊天，并暗中发送木马病毒，盗窃其QQ号码；被称作"车手"的人员则负责将骗到的资金落地取现。8月中旬，民警在广东东莞、广西南宁等地将犯罪嫌疑人廖某、磨某、张某等人抓获，当场缴获作案用银行卡300余张。该团伙自2011年开始从事QQ网络诈骗犯罪活动，累计作案5起，诈骗金额达130余万元。

案例3　小李今年起开始在网络上购物，某日在一不知名购物网站看到一款手机，价格低于市价很多，于是心动购买。在该网站客服的指导下，他向指定的银行账户打了1 000元作为保证金。然而第二天小李等来的却并不是货物，而是该网站送货员要求他继续打500元保证金才能发货。急于拿到货物的小李不得不再次打了500元过去。一天过去了，货物还是没有送到。该网站总经理亲自打电话过来，以货物被相关机构扣押为由让小李再打钱过去，等货物放行后一定送到。前前后后小李总共打了5 000多元，本想总算可以拿到手机了，但从此该网站客服人员再也联系不上了。

案例思考

①你身边有没有出现过与案例 1 中刘某某类似遭遇的人？你认为他上当受骗的原因有哪些？

_____

_____

_____

_____

②案例 2 给你带来了哪些启示？

_____

_____

_____

_____

_____

③案例 3 是涉世未深的中职学生最容易上当的，你认为要如何防范？

_____

_____

_____

_____

_____

案例分析

互联网的普及，突显了网络购物、网上交易的优势，网络支付市场规模随之攀升，网络钓鱼和木马欺诈行为日益猖獗，各种诈骗手段花样翻新、层出不穷，并呈现出智能化的趋势。网络诈骗已从简单、个体向智能化、组织化发展。

天上不会掉馅饼，如果真有 "馅饼"，那肯定是圈套或者是陷阱。案例 1 中刘某某贪图小利，结果丢了大钱；案例 2 中，犯罪分子抓住父亲疼爱儿子的心理，利用 QQ 在线平台，轻松骗取 10 万元；案例 3 是一起典型的网络购物诈骗，上当者甚多。

网络诈骗犯罪手段日渐猖獗，花样不断翻新，许多骗子纷纷将目光转向涉世未深的学生群体，对同学们而言，要学习一定的防范网络诈骗的基本知识，提高防范网络诈骗的基本能力，遇到实际问题，忌盲目，多思考，千万不要被某些假象所迷惑。目前，针对学生的网络诈骗，主要有以下六类，供各位同学参考。

1. 利用 QQ 盗号和网络游戏交易进行诈骗

（1）冒充 QQ 好友借钱

骗子使用黑客程序破解用户密码，然后张冠李戴冒名顶替向事主的 QQ 好友借钱，如果对方没有识别很容易上当。大家如果遇到类似情况一定要提高警惕，摸清对方的真实身份。需要特别当心的是一些冒充熟人的网络视频诈骗，犯罪分子通过盗取图像的方式用"视频"与事主聊天，可千万别上当，遇上这种情况，最好先与朋友通过打电话等途径取得联系，以防止被骗。

（2）网络游戏装备及游戏币交易诈骗

一是犯罪分子利用某款网络游戏，进行游戏币及装备的买卖，在骗取玩家信任后，让玩家通过线下银行汇款的方式交易，待得到钱款后即食言，不予交易；二是在游戏论坛上发表提供代练等信息，待得到玩家提供的汇款及游戏账号后，代练一两天后连同账号一起侵吞；三是在交易账号时，虽提供了比较详细的资料，待玩家交易结束玩了几天后，账号就被盗用，造成经济损失。

（3）交友诈骗

犯罪分子利用网站以交友的名义与事主初步建立感情，然后以缺钱等名义让事主为其汇款，最终失去联系。

2. 网络购物诈骗

网络购物诈骗是指事主在互联网上购买商品发生的诈骗案件。其表现形式有下述6 种。

（1）多次汇款

骗子以未收到货款或提出要汇款到一定数目方能将以前款项退还等各种理由，迫使事主多次汇款。

（2）假链接、假网页

骗子为事主提供虚假链接或网页，交易往往显示不成功，让事主多次往里汇钱。

（3）拒绝安全支付法

骗子以种种理由拒绝使用网站的第三方安全支付工具，比如谎称"我自己的账户最近出现故障，不能用安全支付收款"或"不使用支付宝，因为要收手续费，可以再给你算便宜一些"等。

（4）收取订金骗钱法

骗子要求事主先付一定数额的订金或保证金，然后才发货。然后就会利用事主急于拿到货物的迫切心理以种种看似合理的理由，诱使事主追加订金。

（5）约见汇款

网上购买二手车、火车票等诈骗的常见手法，骗子一方面约见事主在某地见面验车或给票，又要求事主的朋友一接到事主电话就马上汇款，骗子则利用"来电任意显示软件"冒充事主给其朋友打电话让其汇款。

（6）以次充好

用假冒、劣质、低廉的山寨产品冒充名牌商品，事主收货后连呼上当，叫苦不堪。

3. 网上中奖诈骗

网上中奖诈骗是指犯罪分子利用传播软件随意向互联网 QQ 用户、MSN 用户、邮箱用户、网络游戏用户、淘宝用户等发布中奖提示信息，当事主按照指定的"电话"或"网页"进行咨询查证时，犯罪分子以中奖缴税等各种理由让事主一次次汇款，直到失去联系事主才发觉被骗。当用户登录 QQ 或打开邮箱时是否会收到一些来历不明的中奖提示，不管内容有多么的逼真诱人，请千万不要相信，更不要按照所谓的咨询电话或网页进行查证，否则将一步步陷入骗局之中。

4."网络钓鱼"诈骗

"网络钓鱼"是利用欺骗性的电子邮件和伪造的互联网站进行的诈骗活动，获得受骗者财务信息进而窃取资金。

作案手法有下述两种。

①发送电子邮件，以虚假信息引诱用户受骗。不法分子发送大量欺诈性电子邮件，邮件多以中奖、顾问、对账等内容引诱用户在邮件中填入金融账号和密码。

②不法分子通过设立假冒银行网站，当用户输入错误网址后，就会被引入该假冒网站。一旦用户输入账号、密码，这些信息就有可能被犯罪分子窃取，账户里的存款可能被冒领。

5. 订购机票、火车票诈骗

同学们不要轻信网站要求先付款后送票的交易请求，尽可能一手交钱、一手交货，

同时在领取网购机票、火车票的时候也要注意当场识别票的真伪。

6. 针对毕业生就业、在校生兼职的诈骗

网上投递简历给了骗子可乘之机，他们一般会要求应聘者交纳手续费、押金等，或是套取求职者信息，向其亲属实施诈骗。在网上的招聘广告中，所谓"收入可观、轻松、兼职、可支配时间、可带回家"等大多是诱饵，引人上钩。以快递费、培训费、押金、服装费、中介费、考试费等名义收钱的，大多是骗子。骗子手段花样翻新，但是请同学们时刻牢记一点：凡是索要银行卡账号和密码的，都是骗子。

知识拓展

网络诈骗罪和其他类型的诈骗罪骗取财物的方式不同，一般的诈骗活动，行为人与一定自然人之间有一定的意思沟通，即"人—人对话"；而网络诈骗罪则不然，行为人更多地是通过"人—机对话"的方式，达到初步目的。正是由于人机对话的技术特点，决定了网络诈骗罪具有一些独特的特点：

①犯罪方法简单，容易进行。网络用于诈骗犯罪可使犯罪行为人虚构的事实更加接近事实，或者能够更加隐瞒地掩盖事实真相，从而使被害人易于上当受骗，给出钱物。

②犯罪成本低，传播迅速，传播范围广。犯罪行为人利用计算机网络技术和多媒体技术制作形式极为精美的电子信息，诈骗他人的财物，并不需要投入很大的资金、人力和物力，即着手犯罪的物质条件容易达到。

③渗透性强，网络化形式复杂，不定性强。网络发展形成了一个虚拟的电脑空间，即消除了国境线也打破了社会和空间的界限，使得行为人在进行诈骗他人财物时有极高的渗透性。网络诈骗的网络化形式发展，使得受害群体从理论上而言成为所有上网的人。

④社会危害性极强，极其广泛，且增长迅速。

学以致用

1. 在2015年6月20日端午节下午，一位80多岁的老太太独自跑到工商银行支行，非要将自己积攒的20万元汇给犯罪嫌疑人。银行职员、围观群众、警察等人轮番做了两个多小时的思想工作，直到银行关门，老太太才最终放弃汇款。

事情经过如下：

（1）老太太给骗子汇款，被银行柜员劝阻

当天下午3点多，一八旬老太太来到银行窗口，从包里掏出一张手写的账号单子交给银行柜员，说要往这个账号上打20万元。

一位老人家独自到银行汇款，且数额巨大，立即引起了银行柜员的警觉。凭着经验，

银行柜员猜测老太太估计是中了骗子的圈套，于是就多问了几句。

刚开始，老太太硬说是给熟人汇款，但在柜员的再三追问下，老太太才说了实话：一个朋友向她推荐了一个投资项目，有很高的返利，可以让20万元变成40万元。听了老太太的话后，柜员立即上网查询了老太太所说的这个项目，结果不出所料，网上跳出来的全是被骗的控诉。

（2）众人轮番上阵苦劝，可老太太根本不听

虽然骗局被轻松识破了，但让众人万万没想到的是，如何劝说老太太放弃汇款，却花了大伙九牛二虎之力。

因为端午节放假，所以银行只开了两个窗口，而由于老太太不肯放弃汇款占着其中一个窗口，后面渐渐排起了长队。

大伙了解情况后，许多来银行办理业务的市民也纷纷给老太太做起了思想工作。一位市民甚至现身说法，说自己的父亲就是轻信了骗子的花言巧语，给骗子汇去了25万，事后把肠子都悔青了。

但是老人家倔强起来，是九牛二虎也拉不回来的。别人说归说，老太太既不生气也不听劝告，始终坚持要求汇款。

银行的工作人员又从网上搜出许多诈骗的新闻报道让老太太看，但老太太认为大家都是合起伙来骗她的，是在断她财路。

（3）直到银行关门，钱才没有汇出去

警方闻讯后也立即赶了过来。大家都以为警察来了总劝得通了，谁知老太太仍不听劝。民警刚开始做老太太的思想工作，老太太就立即质问："怎么，你用警察来压我啊？"眼见劝说无效，民警只得通过公安系统联系上老太太的家人，让他们也来加入劝导的队伍。

到了下午5点，还没等到家人赶来，老太太终于松口了："20万不汇，那我就汇个5万试试吧！"说完，还是遭到了众人的阻止。

劝导一直进行到下午5点20分，银行大门都已经关上，老太太这才不再坚持汇款了。此时，老人的儿媳和孙子也赶了过来，赶紧把老人家接了回去，大家这才松了口气。

如果你在场，你将如何劝导老太太？

_____

_____

_____

_____

_____

_____

_____

_____

2.陈女士预订好飞机票后，电信诈骗嫌疑人假冒航空公司名义发来短信称，因天气原因航班取消，并表示要退款。陈女士按上面的电话打过去后，对方要其提供银行卡，给了之后，对方又发来短信，上面正是陈女士购买机票的金额，对方要求陈女士输入银行卡密码进行确认。陈女士按要求操作后，果然收到了银行发来的退款短信。而10分钟之后，她的手机短信频繁响起，提醒她的银行卡在一个ATM机上被取钱，最后统计下来，被取了20余万元。

你认为犯罪分子得逞的原因有哪些？你收到此类短信，将作何处理？

_____

_____

_____

_____

_____

_____

_____

第五章

交通安全

第一节　交通安全常识

案例导入

案例　2015年5月15日，广州某公路上，李某骑着摩托车前行，在一个十字路口，李某需向左转，而此时交通信号灯是左转红灯，对面车可以直行，但李某为了赶时间，不顾交通信号灯呈红色，依然左转，与对面直行而来的一小轿车相撞，李某全身多处受伤，小轿车前保险杠受损，无人员伤亡。交警通过了解，判定此次交通事故中李某负全责，不但医疗费用、摩托车撞坏的费用自付，而且还要赔偿对方小轿车修理的费用，真是得不偿失。

案例思考

①案例中李某受伤的原因是什么？此案例对你有什么启示？

_____

_____

_____

_____

②案例中李某被小轿车撞伤了，为什么他还要赔偿对方小轿车的损失？

_____

_____

_____

_____

案例分析

此案例中，李某不遵守交通规则，擅自闯红灯左转，被直行的小轿车撞伤，违反我国交通法规，应负全责，所以，应赔偿由此造成的对方小轿车的损失。

安全预防

现代社会交通发达，给人们的出行带来了极大的方便，但交通安全事故也频频发生，在诸多交通安全事故中，有不知道交通安全信号和标志而造成的，也有不遵守交通规则和法规、抱侥幸心理而造成的。因此，作为学生，更应了解交通信号和标志，提高交通安全意识，遵守交通法律法规，做一个遵纪守法的好公民，以确保自身的安全。

知识拓展

现代中职学生的出行交通方式主要有步行、骑自行车、乘汽车、乘船、乘火车、乘飞机6种。其中每一种都存在交通安全问题，有一些基本的安全常识和应对措施需要大家掌握。

1. 道路交通信号和标志

交通信号是指挥车辆和行人前进、停止或者转弯，向车辆驾驶人和行人提供各种交通信息，对道路上的交通流量进行调节、控制和疏导的以光色信号、图形、文字或手势表示的特定信号。

1）道路交通信号及其含义

交通信号灯由红灯、绿灯和黄灯组成。

（1）红灯

红灯表示禁止通行，主要包括下述3种：

①指挥灯信号。红灯亮时，不准车辆、行人通行；车辆需要停在停止线以外，行人必须在人行横道路边等候放行；自行车左转弯时不准推车从路口外边绕行；直行不准用右转弯方法绕行。

②车道灯信号。其一般安装在需要单独知会的车道上方，只对在该车道行驶的车辆起指挥作用，其他车道的车辆和行人仍按规定信号通行。

③人行横道信号灯。红灯亮时，不准行人进入人行横道。

（2）绿灯

绿灯表示准许通行，主要包括下述3种：

①指挥信号灯。绿灯亮时，准行车辆，行人通行。不论机动车，凡是面向绿灯信号的均可通行，也可以左右转弯。在绿灯亮起期间进入路口的车辆应让已经在路口内的车辆和已进入人行横道内的行人优先通行，绿灯亮时，

转弯车辆不准妨碍直行的车辆和被放行的行人通行。

②车道灯信号。绿色箭头灯亮时，准许车辆按箭头所示方向通行。绿色箭头灯是指绿灯中带有左转弯、直行、右转弯导向箭头的交通指挥信号灯。

③人行横道信号灯。绿灯亮时准许行人通过人行横道；绿灯闪烁时，不准行人进入人行横道，但已进入人行横道的，可继续通行。

（3）黄灯

黄灯表示警示，主要有两种：

①黄灯亮时，不准车辆、行人通行，但已越过停止线的车辆和已进入人行横道的行人，可以继续通行；右转弯车辆遇有黄灯亮时，在不妨碍放行车辆和行人通行的情况下可以通行。绿灯之后的黄灯表示禁止超越；红灯之后的黄灯表示准备通行。

②黄灯闪烁时，车辆、行人须在确保安全的原则下通行。

2）手势信号及含义

手势信号主要用于交通警察临时指挥车辆通行。手势信号分为下述3种：

（1）直行信号

交通警察右臂（左臂）向右（向左）平伸，手掌向前，表示准行左右两方直行的车辆通行；各方右转弯的车辆在不妨碍放行的车辆通行的情况下可以通行。

（2）左转弯信号

交通警察右臂向前平伸，手掌向前准许左方的左转弯和直行的车辆通行；左臂同时向右前方摆动时，准许车辆左转弯；各方右转弯的车辆和T形路口右边无横道的直行车辆，在不妨碍被放行车辆通行的情况下可以通行。

（3）停止信号

交通警察左臂向上直伸，手掌向前，表示禁止前方车辆通行；右臂同时向左前方摆动时，车辆须靠边停车。

2. 道路交通标志的种类及含义

我国现代道路交通标志分为主标志和辅助标志两大类，共100种。

1）主标志

主标志按其含义可分为4种：警告标志、禁令标志、指示标志和指路标志。

（1）警告标志

警告标志共23种，是警告车辆、行人注意危险地点的标志。其形状为顶角朝上的等边三角形，颜色为黄底、黑边、黑图案。

（2）禁令标志

禁令标志共35种，是禁止或限制车辆、行人交通行为的标志。其形状分为圆形和顶角向下的等边三角形，颜色除个别标志外，为白底、红圈、红杠、黑图案、图案压杠。

（3）指示标志

指示标志共17种，是指示车辆、行人行进的标志。其形状分为圆形、长方形和正方形，颜色为蓝底、白图案。

（4）指路标志

指路标志共20种，是传递道路方向、地点、距离信息的标志。其形状除地点识别标志外，为长方形和正方形；其颜色，除里程碑、百米桩和公路界碑外，一般道路为蓝底、白图案，高速公路为绿底、白图案。

2）辅助标志

辅助标志共5种，是附设在主标志下起辅助说明作用的标志。这种标志不能单独设立和使用。辅助标志按其用途又分为表示时间、表示车辆种类、表示区域距离、表示警告和禁令理由的辅助标志以及组合辅助标志等。其形状为长方形，颜色为白底、黑字、黑边框。此外，还有一种可变交通信息标志，其根据检测到的道路情况（如占道施工、阻塞、流量、流向的变化、气候状况等），将某种信息及时显示出来，传达给车辆驾驶人员和行人。

3）交通标志的几何形状及其含义

交通标志的认识性与显示程度是否良好与交通标志的形状有重要关系。在外形相同、等面积的情况下，效果好又容易识别的顺序是：三角形、菱形、正方形、正五边形、正六边形、圆形和正八角形等。

国际《安全色和安全标志》草案中关于几何图形的规定是：正三角形表示警告；圆形表示禁止和限制；正方形、长方形表示提示；圆形图案带有斜杠的，也表示禁止。我国现行的交通标志几何形状与国际标准的安全标志规定是基本一致的。

（1）三角形

显示程度高，不论光线条件好坏，都比其他形状引人注目。我国采用正三角形作为警告标志的几何形状，在"停车让路"和"慢行让路"中采用倒三角形。

（2）圆形

圆形显示程度较高，视觉大，也便于安排文字，我国将圆形用于禁止和指示两种标志。

（3）方形

方形包括长方形和正方形，其识认性较好，用于指路性交通标志。

4）交通标线的种类及含义

道路交通标线按其功能可分为纵向标线、横向标线和其他交通安全设施线，共7类21种。其中，标线17种。其他交通安全设施，如路栏和锥形交通路标、导向标、道口标柱4种。

（1）纵向标线

纵向标线是指沿道路纵向画的各种标线。

车行道中心线是用来分隔对象行使的交通流的标线，一般设在车行道的中心线上，也可不限于设在道路的几何中心线上，颜色为黄色或白色。一般在路面宽度可划分两条机动车车道的双向行驶道路上就应画车行道中心线。车行道中心线分为：

①中心虚线，表示在保证安全的情况下，允许车辆在超车、向左转弯时越线行驶。

②中心单实线，表示不准车辆跨线超车或压线行驶。

③中心双实线，无论白色或黄色都表示严格禁止车辆越线超车或压线行驶。

④中心虚实线，是一条实线与一条虚线平行的两条标线。其表示：实线的一侧禁止车辆越线超车或向左转弯；虚线的一侧准许车辆越线超车或向左转弯。

（2）横向标线

横向标线是指沿着道路行进方向成垂直、横断面画的标线，它主要有：

①停车线。停车线表示车辆等候通告信号或停车让行的位置的标线，为白色。停车线与车行道中心线相连接。

②减速（或停车）让行线。根据交通标志的要求，确定减速或汽车让行，为两条白的平行虚线。

③人行横道线。表示准许行人横穿车道的标线，为白色。

学以致用

交通信号灯包括哪几种？分别表示什么含义？

_____

_____

_____

_____

_____

_____

_____

第二节　交通方面存在的安全问题

案例导入

案例　中职学生小张和小秦在同一所中专读书，他俩是初中同学，受在另一学校读书的初中同学小冯邀请，他们在周末时到小冯所在学校玩耍。他们下车后，发现小冯的学校在马路的对面，而人行天桥却在远处，要绕很大一段路才能通过人行天桥到马路对面去，于是小秦提议直接翻过马路栏杆到对面去，小张劝说无效，只好和小秦一起横穿马路。他俩左看右看，没有车辆经过，就开始穿越马路，哪知刚翻过马路中间的栏杆，对面一辆货车飞驰而来，将刚翻过栏杆的小秦撞翻在地，小秦受重伤。

案例思考

①案例中导致小秦被撞伤的原因是什么？这个案例对你有什么启示？

_____

_____

_____

_____

②类似案例中伤害是否可以避免？应如何避免？

_____

_____

_____

_____

_____

案例分析

在本案例中，小张和小秦不按交通规则过马路，怕绕路而不走人行天桥，结果被大货车撞伤，责任在小秦。虽然事后根据"照顾弱者"的原则，大货车补偿了小秦一定的医疗费，但小秦自身痛苦是别人无法代替的，学习也被耽误了，这是不重视交通规则，不按交通规则办事的后果。

安全预防

中职学生应多学习相关的安全知识和安全技能，在日常生活中应有安全意识，尤其是外出逛街或旅游、上学放学途中，遵守交通规则，注意交通信号和标志，以确保自身的安全。

知识拓展

中职学生一般距家较远，上学、放假回家或者周末、节假日外出，交通安全问题不容忽视，其中存在的问题主要有：

①出行不看交通信号和标志，节假日外出、逛街心情放松，信马由缰，三五成群，过马路时容易引起事故。由此引起的事故悲剧经常发生。

②横穿马路，跨越交通护栏。中职学生年轻气盛，凭着身体敏捷，往往图省事，怕绕路，横穿马路时随意跨越栏杆，尤其一些学生在城市道路和高速公路上也这样，导致瞬间酿成大祸。

③骑自行车、电动车，以及骑助力摩托车上学时，不遵守交通规则，在机动车道上行驶、闯红灯、追逐赛车、双手离把。还有在马路上随意停车或猛挤他车，易导致与后车碰撞。

④乘坐公共汽车时携带危险品；汽车未停稳就抢先上下车，下车后猛跑、猛拐、迅速穿越公路；在乘坐公共汽车的途中没有自我保护意识，车辆发生事故时不懂得自救。

⑤乘坐非公共交通车辆时，不系安全带，头、手伸出车外，站立或坐在车厢板上。

⑥对行驶中的火车危险性缺乏认识，在铁路上逗留，强行通过铁路道口；火车通过身边时离得太近而卷入车下。

⑦乘坐火车时，不遵守安全规定，造成伤亡事故。

⑧乘船交通安全问题。船只交通安全事故近年来也呈不断上升的趋势。

学以致用

作为中职学生，容易出现的交通安全问题主要有哪些？请举例说明。

第三节 行走时须遵守的安全措施

案例 中职学生小刘和小贾周末上街买东西，小贾过马路时边走边玩手机，被一辆抢黄灯的小轿车撞伤，腿部骨折，住进了医院。

案例思考

①案例中导致小贾被撞伤的原因是什么？这个案例对你有什么启示？

_____

_____

_____

_____

②类似案例中伤害是否可以避免？应如何避免？

_____

_____

_____

_____

案例分析

本案例中，小轿车抢黄灯，虽然没有违反交通法规，但增加了交通事故发生的可能性；而小贾过马路时注意力不集中，边走边玩手机，是发生交通事故的重要原因；还有，行人在绿灯即将结束时，应等下一次绿灯，抢最后两秒绿灯，往往是发生交通事故的重要原因之一。

安全预防

我们在道路上行走和过马路时，要有安全意识，随时随地注意存在的安全隐患，必须遵守交通规则，按照法律法规办事，以确保自身的安全。

1. 行人必须在人行道上行走

①多人同行时应注意避免3人以上并行而妨碍他人通行。

②在没有设置人行道的路段，行人应在非机动车道右侧1米的范围内行走。

③靠路边行走，是指行人从路边（左或右）算起的一人通行道路所需的空间。徒手时为0.7米，手提物时为0.9米。行人在上述活动空间内行走时，车辆不应侵犯其安全通行空间。

④如果道路因施工、交通事故或其他原因为暂时封闭或阻塞，行人要看清交通标志所指示的方向，改行其他路线，服从管理人员的指挥。

⑤行人在道路上还应注意不要从事与交通无关的活动，如不能在道路上玩滑板、滑旱冰等游戏活动，更不能在道路上扒车追车，强行拦车或抛物击车。

2. 横过马路时要注意行人过街设施

横过车行道，要走人行横道、人行过街天桥或地下通道等行人过街设施。没有这些设施时应直接通过，不要斜穿或追逐猛跑，也不要在车辆临近时突然横穿。要让驾驶员有足够的时间发现行人后停车，以保障行人安全。有交通信号灯控制的人行横道，须按信号规定通过；没有交通信号灯控制的人行道须注意车辆，在保证安全的前提下通过。

3. 横过交通繁忙的道路时

①当路上交通繁忙，车辆密集且车速较快，以致不能安全通过时，除非该处有人行横道，否则不要横穿道路。如果车辆来往时密时疏，则应耐心等候，待车流较疏时才通过，而不能在行行停停或缓慢行驶的车辆之间穿过。

②在交通繁忙的路段一般都设置有人行道、车行道护栏，用以阻止行人过马路，行人不能穿越或倚坐。行人如果强行穿越、会造成驾驶员措手不及，不能及时采取有效措施，极易造成交通事故。

③在天气恶劣时横过道路要格外小心，特别是在倾盆大雨或大雾时更要留神，因为在这种情况下驾驶员较难看见行人，而行人也很难看见附近的车辆。行人应调整好雨具，看清路面情况，待没有车辆驶近时才可横穿道路。

④在晚间横穿道路时要尽量选择有路灯的地方，因为在夜间车流量少，车速一般较快，同时驾驶员较难看见行人，而行人也很难估计车辆的速度。

⑤横穿马路切忌遇车就退。过马路途中若遇到有车辆驶近时，应按照当时的环境停步，不要突然后退，尽量要让驾驶员知道自己的去向。可能的话，利用划分行车道的白线或路中央的分界线作为紧急停留的地方，切忌不看身后而直接后退，因为身后很可能有已经驶近或正在驶近的车辆，易导致交通事故的发生。

知识拓展

学以致用

①行人横穿马路时应做到哪些要求?

_____

_____

_____

_____

_____

②谈谈你对本章节的学习体会。

_____

_____

_____

_____

第四节 骑车安全

案例导入

案例 自行车违章无机动车争道抢行

老司机李某驾驶公共汽车由市内往郊区行驶,当车行到某菜市场路口时,汽车时速45 km/h。与汽车同方向且在前面骑自行车的女子刘某,为争道抢行突然向左拐横过马路,两车相距仅4~5米,李某急踩刹车,同时鸣喇叭,左打方向避让。然而,骑自行车的刘某对汽车喇叭声充耳不闻,继续横穿,自行车虽过了马路中线,但左打方向惯性行驶的汽车的前保险杠将自行车撞倒,右前轮从刘某身上压过,刘某当场死亡。

案例思考

案例中导致刘某死亡的原因是什么？读完这个故事，对你有什么启示？

_____

_____

_____

_____

_____

案例分析

自行车转弯前须减速行驶，骑车人应向后瞭望，在确定安全后再转弯，不得突然转弯。刘某违章突然横过马路是引起事故的直接原因。此事故中，虽然机动车驾驶员因过路口超速行驶和机动车设备存在问题负事故的主要责任，但刘某却不能死而复生。此次事故提醒我们，横过马路要特别注意左右方向有无来车，确定安全后才能通过。

安全预防

中职学生为了预防安全事故的发生，在骑车时应注意下述事项。

（1）骑车方式

①骑车时，除超车外，最好单列行车，不准扶身搭肩并行、互相追逐或曲折行驶。

②骑自行车不准攀扶其他车辆，也不准牵引车辆或被其他车辆牵引。

③自行车不准安装机械动力装置。因在通常情况下，自行车是在非机动车道上行驶的，但也有将行车道和人行道划分在一起的路面情况，而自行车安装动力装置后速度大大增加，遇到行人、残疾人和其他正常行驶的自行车时就可能因避让不及而发生碰撞事故。

（2）骑车地点

在划分机动车道和非机动车道的道路上，非机动车、残疾人专用车应在非机动车道行驶；在没有划分中心线和机动车与非机动车道的道路上，自行车应在道路右边 1.5 米内行驶。

（3）超车

超大型车前应先看一看四周情况，确认安全后，再超越前车，同时要注意不能妨碍被超车辆的行驶。在超车的过程中，超车者要注意观察前面被超车的行驶方向及手势信号，防止被超车突然转向，导致两车相撞，发生危险。

（4）转弯

骑自行车转弯前需减速慢行，向后观望，并在适当的时候发出正确的转弯手势信号，表明行驶方向，不能突然猛拐。

（5）横过道路

骑车人可以骑车横过道路，也可以下车推行，但横过4条以上的车道时必须下车推行，并且最好使用过街设施，如地道、天桥、斑马线等。使用这些设施横穿道路时要注意避让行人。

若骑车横过道路，骑车人要遵守安全上路的有关规定和要求，在左右转弯、环形路口、交通灯路口等地点，选择好行驶路线，把握好通行时机，安全通过。若推车横穿道路，骑车人要双手扶把，遵守行人横穿道路的有关规定，注意避让其他行人和车辆，安全横穿马路。

知识拓展

近年来学生骑车的人数越来越多，随之而来的是自行车车祸也开始增多，造成学生自行车车祸的主要原因是平时缺乏安全教育，安全意识淡薄，不遵守交通规则，如骑飞车、骑车横穿马路、强行超车、嬉戏打闹、载人骑车等。有些学生自我意识强，喜欢在众人面前表现自己，常常将自行车当做施展才华、表演技能的道具，在上学途中和返家路上相互追逐，相互"逼车"。这样，遇上道路拥挤、车辆多、行人多、路面滑的时候，就容易出现车祸。

另外，有些中职学生的自行车缺乏保养、维修，导致刹车失灵、车铃不响，也是出事故的一大原因。

自行车肇事，不仅会给肇事者本人带来自身身体上的痛苦，甚至是残疾或死亡，而且还会给他人、家庭和社会带来损失。因此，为了确保安全，骑车的学生应该注意交通安全，自觉遵守交通规则，避免出现骑快车、相互追逐等违章行为。

骑自行车必须遵守的有关规定：

①不满12周岁的儿童，不能在道路上骑自行车；没有车闸或没有安全保证的自行车不能上路；不得在车行道上学骑自行车。

②自行车要在非机动车道上行驶，在混行道上要靠右侧行驶，不得在机动车道和人行道上行驶。

③转弯时需提前减速慢行，向后观望，伸手示意，不准突然猛拐；超越前方自行车时，不要与其靠得太近，速度不要过快，不应妨碍被超车辆的正常行驶。

④通过陡坡、横穿4条以上的机动车道或途中车闸失效时，须下车推行。下车前，要伸手上下摆动示意，同时不应妨碍后面车辆的行驶。遇有雨、雪、雾等天气时要慢速行驶；路面积雪、结冰时，要推车慢行。

⑤不得双手离把、攀扶其他车辆或手中持物骑车；不得牵引车辆或被其他车辆牵引；不得扶身并行、互相追逐或曲折行驶；不得两人同骑一辆车；不要两辆以上的自行车并行行驶。

⑥在大中城市的市区不准骑自行车载人，但对于载学龄前儿童，各地可自行规定。

学以致用

①导致中职生骑自行车发生车祸的原因主要有哪些？

②中职学生在骑自行车的过程中，应注意些什么？

第五节　公共交通安全

案例　网友热议"女孩智斗小偷"　有人称赞她是"真汉子"

2015年7月20日晚9时许，西安一位网友将一篇"在公交车上与两个小偷智斗"的文章发到微博上，引起网友关注。

该篇微博称："今天（20日）从高新回来，打不着车坐了14路公交车，遇到扒手，对方已经偷走了我的钱包……又被我默默地要回来了。我们俩对望，他受到惊吓不停擦汗咽口水……我吓到腿抖……后来我发现旁边站的还是他的同伙，在偷另外一个女性的钱包，我拉了拉那女的，提醒她……总之吓死。"这条微博瞬间引发网友热议，截至21日下午已有近百位网友评论。网友"我到底还在等什么"说："这小偷肯定是吓住了，你还是很机智的，我觉得这方法可扩散，瞬间觉得你是集机智与勇敢于一身呀，此处有赞！"

不过，也有网友在点赞的同时提醒说："以后还是要保护好自己呀，想想你要钱包的过程就觉得很有喜感，虽然我知道当时很恐怖。"还有网友说："你是真汉子，做好事真的需要勇气，也要考虑风险成本。"

"我伸手到他面前要钱包，他被我的举动吓着了"

记者联系上发微博的20岁女孩小崔，她是西安一所高校的大四学生。

小崔给记者讲述了事发经过。20日晚7时30分，正是下班晚高峰，14路公交车上人很多，她背着一个皮质双肩包从亚美大厦站挤上车，车开出没几站，她突然感觉身后的包被人捅了一下，开始她并没多想，以为只是人多太挤了，随后一想不对劲，赶紧把包拽到胸前，此时拉链已被人拉开了一些，里面的钱包不见了。

"这时，一个身高约1.65米、20多岁的年轻男子正在看我，他看到我在看他后，眼神显得很紧张，我顿时觉得他就是偷钱包的小偷，就直直地盯着他看，对视了约1分钟，我冲他重重地叹了一口气，然后就把手摊开伸到他面前。可能他也是

个新手，我觉得他是被我的举动吓着了，不停擦汗、咽口水，然后就真的把钱包还给我了，我也不知道怎么了，还冲他小声说了声谢谢。"小崔说，那个小偷把钱包还给她后，脸还是涨红着，他两站后就下车了。

案例思考

案例中小偷为什么会将钱包归还给小崔？读完这个故事，对你有什么启示？

_____

_____

_____

_____

_____

案例分析

本案例中，由于小崔的勇敢，小偷不得不将钱包归还给了小崔，这再一次证明了"做贼心虚"的古语，也说明了"邪不压正"，因此，当我们遇到违法犯罪的行为时，要敢于同其斗争。当然，正如有的网友所提醒的，在与违法犯罪作斗争的时候，要学会保护好自己。

安全预防

1. 中职学生乘坐公共交通时应怎样保护钱和物

正如上述案例中所提及的，城市中的公共交通往往因为人多拥挤，给小偷以作案的便利，因此，我们在乘坐公共交通时，尤其要注意保护自己人身和财产的安全，可以从以下几个方面考虑：

①若时间允许，应尽量避开人流高峰期出行。

②时刻提高警惕。俗话说："害人之心不可有，防人之心不可无。"违法犯罪的人毕竟是极少数，通常只能采用隐藏、狡猾的手段，所以需要时刻提高警惕。

③要有充分的心理准备。一旦发现有人违法犯罪或对你行窃，你要勇敢机智地取得群众和乘务人员的支持，同犯罪分子斗争。

④尽量将物品集中放在可以经常照看到的地方，使物品随时在你的视线内，不要乱堆乱放，或放得过于零散。

⑤要事先准备好零用钱，将暂时不用的钱及贵重物品清点整理好，放在身上或其他可靠地方（如身上穿着的内衣口袋里）。不要当众频繁地打开钱包，以免暴露给他人。

当你已经知道谁是作案者或发现可疑人员时，要及时大胆地向车（船）上公安人员或乘务员报告、检举，并争取其他旅客的支持，从而制服违法犯罪分子。

2. 选择公共交通的准则

①学校组织学生集体活动时，要选好车，要与交通管理部门取得联系，并在其指导下，确认驾驶人员的准驾资格后，选择由交通管理部门认可、有准运资格、质量优良的客运车。

②学生选择乘坐公交车时，首先要选择有营运资格的车辆，不选择无营运资格的车，如三轮车、私家车等；其次，在乘坐公交车时，若发现驾驶员患有妨碍安全行车的疾病、酒后开车或疲劳驾驶的，不要乘坐该车；发现驾驶人员无驾驶证、机动车不具备载客资格或有明显质量问题的，不乘坐该车；不乘坐超载车。

3. 乘坐公共交通的共同准则

尽可能坐在有安全带的座位上，并将安全带系上，如坐在前排更需要系上安全带。在车辆行驶过程中不可随意触摸车上的控制器，如车门锁等；不要向车外抛物品；不可将身体的任何部位伸出窗外，更不能中途跳车；为了自己及他人的安全，不能携带酒精、汽油之类的易燃易爆危险品乘车。

知识拓展

1. 安全带的使用

安全带是防止和降低交通事故损害程度的一种切实有效的装置。安全带把人和交通工具结成了一个整体，能够避免乘客撞上方向盘和玻璃，以及被抛出车外的危险。

2. 不同种类公共交通车辆的乘车要求

（1）乘坐公共汽车

公共汽车一般行驶固定的路线，并在指定的车站上下车。公共汽车站有标志指明，在路面画有停车站标线。

①候车：在公共汽车站候车时，不要太靠近车行道，应排队等候。在公共汽车靠站时，待汽车完全停稳后，方可上车。如公共汽车没有分出口和入口，乘客应本着先下后上的原则上下车。

②上车：不要与人拥挤，要按顺序先下后上。

③乘车途中：在车辆行驶中，不要与驾驶员闲谈或妨碍驾驶员操作，不要随意开启车门、车厢和车内的应急措施，不要向车外抛投物品，不要在车内随意走动、打闹。

④下车：下车后要横穿马路的乘客，须待公共汽车离去，能够看清道路两边的情况时再穿过马路。如公共汽车仍然停在站上，要远离公共汽车才可横穿马路，不要在公共汽车前面、后面横穿。

（2）乘坐出租车

需要坐出租车时，应在路边伸手示意，切不可站在车行道上拦车，要在出租车站或者出租车可以停车的地方上下车。一般在上车后再告诉司机需要前往的地址，这样既可以防止司机拒载，又不会因为站在车外对话而发生意外。

（3）乘坐火车出现意外事故时应怎样保护人身安全

乘坐火车时，有时会出现意外事故，如火车出轨等。尽管这些情况的出现是极少数的，但也应注意。

火车出事前通常没有什么迹象，不过旅客会察觉到一些异常现象，如紧急刹车等。这时，应充分利用出事前短短几分钟或几秒钟的时间，使自己身体处于较为安全的姿势，采取一些自防自救的措施，具体如下所述：

①离开门窗或趴下来，抓住牢固的物体，以防碰撞或被抛出车厢。

②身体紧靠在牢固的物体上，低下头，下巴紧贴胸前，以防头部受伤。

③如座位不靠门窗，则应留在原位，保持不动；若接近门窗，则应快离开。

④火车出轨向前时，不要尝试跳车，否则身体会以全部冲力撞向路轨，还可能发生其他危险。

⑤火车停下来后，看清周围环境如何，如果环境允许，则应在原地不动等待救援人员到来。此外，不论怎么样应呼救，并想办法尽快将遇险的信息传递出去。

学以致用

①公共交通上的安全带的作用是什么？

_____

_____

_____

_____

_____

_____

_____

②乘坐公共汽车时应注意些什么？

_____

_____

_____

_____

_____

_____

第六节 航运安全

案例导入

案例 2002 年 12 月 18 日上午 7 时 20 分左右，长江某水域发生特大海损事故，载有 30 辆汽车的滚装船"宜盛号"与过江客运"长江一号"渡轮相撞，在客渡轮上 38 名乘客和 9 名船员中，7 人生还，8 人死亡，32 人失踪。经查，"长江一号"是一艘"聋哑"船，因无法听见"宜盛号"的高频通话，最终导致了此次悲剧的发生。

案例思考

你认为案例中导致两船相撞的悲剧的原因是什么？读完这个故事，对你有什么启示？

_____

_____

_____

案例分析

在此案例中，由于"长江一号"是一艘"聋哑"船，无法听见"宜盛号"的高频通话，从而导致悲剧的发生，也就是说，因为"长江一号"的通信设备损坏，无法接受对方发出的信号而导致悲剧的发生。所以，在外出若需乘船，必须注意相关安全，选择符合乘坐要求的船只。

安全预防

在乘坐船只外出时，应注意下述几个方面：

①等候船只时，在候船室内不能乱跑，不要站在扶梯口，也不要爬到栏杆上。

②上下船要排队，要等船停稳并搭好跳板后按顺序上下，不要争抢拥挤。

③乘船时，要听从船上工作人员的安排，遵守船上的安全规定，维护好船上秩序。

④乘船时要在座位上坐稳，不要在夹板上追逐、打闹；不要将身体的任何部位伸出船外。

⑤乘船时，在船上不要随意跨过"旅客止步"的界限；不要随意拨弄、按动船上的有关设施。

⑥要弄清安全通道的方位和救生设施、设备的放置地方。

⑦夜间航行时，在舱内要将窗帘拉好，不要让灯光外泄。

知识拓展

中职学生多数同学的家离学校较远，在上学或者放假回家、节假日旅游、学校组织集体外出活动等，都离不开航运交通。因此，应注意这方面的安全，掌握一些必要的航运交通安全知识很有必要。

选择所乘船只的常识：

①不乘坐无牌、无证船舶。船舶驾驶人员、轮机人员、渡工必须持有当地港（航）务监督机关发给的驾驶证、船员证、渡工证，船舶要有船舶检验部门发给的船舶合格证书。

②不乘坐客船、客渡船以外的船舶。客船、客渡船必须标有船铭牌、画有载重线，

并在明显位置标有本船客定额数。

③不乘坐超载船舶和人货混装的船舶。客船、客渡船要按规定的航线和航区航行，严禁违章超载、人货混装。

④不乘坐冒险航行的船舶。遇到天黑或大风、大雨、洪水、浓雾等不良天气，乡镇运输船舶和渡船以及设备简陋、技术状况不良的船舶，严禁冒险航行。

⑤不乘坐安全系数低且无安全救生设备的排筏。

学以致用

我们应该如何选择所要乘坐的船只？

_____

_____

_____

_____

_____

_____

_____

第七节 轨道交通安全

案例导入

案例 赖某和林某系某职业中专的学生，赖某来自山区，对市内的轻轨非常好奇。在某个周末，在赖某的要求下，来自市区的林某陪其到市内玩耍，顺便感受轻轨的快捷。在下午回学校时，他们决定乘坐轻轨。当他们赶到轻轨站时，有一班轻轨刚好启动，赖某就急着上车，结果被启动的轻轨刮倒在地，腿部受伤。

案例思考

①你认为案例中导致赖某受伤的原因是什么？此案例对你有什么启示？

_____

_____

_____

_____

_____

②你认为在乘坐轻轨时应注意些什么？

_____

_____

_____

_____

_____

_____

案例分析

本案例中赖某面对已经启动的轻轨客车，还急着上，导致被刮伤，责任在赖某自己。我们在乘坐轻轨时，应注意排队上车，在轻轨客车未停稳或已启动后，就不要上车或下车，以免造成身体伤害。

安全预防

在现代社会中，陆路交通除了公路之外，轨道交通也给人们带来了极大的便利，甚至成为人们出行的主要交通工具，中职生节假日外出，可能会乘坐轨道交通，因此，注意乘坐时的安全是十分必要的。轨道交通主要包括铁路、轻轨、地铁等交通工具。

乘坐火车时应注意：

①在车站候车时，要站在站台的安全线以外，切不可越线，更不可跳下站台。

②上下车时，要有秩序，不要争抢拥挤，要防止车门夹身；不能从车窗出入；严禁

携带烟花、爆竹等易燃易爆危险品上车。

③在车上要将行李平稳、牢固地放在行李架上，以免掉下伤人。

④列车行驶中，不要将身体的任何部位伸出车外；不要在车厢内随意走动、打闹。

乘坐轻轨、地铁时应注意：

①乘客应持有效的车票入闸，禁止翻越、攀爬闸机。

②乘客乘车应排队依次上车，不得拥挤。

③乘客从入闸开始，须在规定时间之内搭乘完成，超出规定时间尚未出闸的视为超时，超时须按最高单程票价补交超时车费。

④乘客应按实际车程购买车票，如乘客所使用的车票不足以支付所到达车站的实际车费时，须补交超程车费。

⑤乘客在入闸后遗失车票须到车站客服中心处办理补票业务。

⑥乘客入闸以后，禁止饮食。

知识拓展

中职学生乘坐轨道交通出行时，还应了解的相关常识有：

1. 铁路交通

（1）铁路道轨安全常识

①不要在道轨上行走、坐卧和玩耍，不要在铁路两旁放牧。

②不要爬停在道轨上的列车，也不要在车下钻来钻去。

③不要在铁轨上摆放石块、木块等东西。

④不可擅动扳道、信号等设施，不可拧动铁轨上的螺丝。

⑤不得翻越护栏横穿铁路。

⑥铁路桥梁和铁路隧洞禁止一切行人通过。

（2）铁路道口安全常识

行人和车辆通过铁路道口时应注意下述规定：

①行人和车辆在铁路道口、人行过道及平过道处，发现或听到有火车开来时，应避到距铁路钢轨2米以外处，严禁停留在铁路上，严禁抢行越过铁路。

②车辆和行人通过铁路道口，必须听从道口看守人员和道口安全管理人员的指挥。

③凡遇到道口栏杆（拦门）关闭、报警器发出报警、道口信号显示红色灯光，或道口看守人员示意火车即将通过时，车辆、行人严禁强行，必须依次停在停止线以外，没有停止线的，停在距最外钢轨5米（拦门或报警器等设施应设在这里）以外，不得影响道口栏杆（拦门）的关闭，不得撞、钻或爬越道口栏杆（拦门）。

④设有信号机的铁路道口，两个红灯变替闪烁或红灯稳定亮时，表示火车接近道口，禁止车辆、行人通行。

⑤红灯熄灭白灯亮时，表示道口开通，准许车辆、行人通行。

⑥遇有道口信号红灯和白灯同时熄灭时，须停车或止步瞭望，确认安全后，

方可通过。

⑦车辆、行人通过设有道口信号机的无人看守道口以及人行过道时，必须停车或止步瞭望，确认两端均无列车开来时，方可通行。

⑧通过电气化铁路道口时，车辆及其装载物不得触动限界架活动板或吊链；载高超过2米的货物上，不准坐人；行人手持高长物件时，不准高举。

⑨运载100吨以上的大型设备、构件时，需按当地铁路部门指定的道口在规定时间通过。

2. 文明乘车

乘坐轻轨（地铁）列车时，严禁携带下述物品：

（1）枪支、械具类

枪支、械具类（含主要零部件）包括：

①公务用枪：手枪、步枪、冲锋枪、机枪、防暴枪等。

②民用枪：气枪、猎枪、小口径射击运动枪、麻醉注射枪等。

③其他枪支：仿真枪、道具枪、发令枪、钢珠枪、催泪枪、电击枪、消防灭火枪等。

④具有攻击性的各类器械、械具：警棍、催泪器、电击器、防卫器、弓、弩等。

（2）爆炸物品类

爆炸物品类包括：

①弹药：各类炮弹和子弹等。

②爆破器材：炸药、雷管、导火索、导爆索、爆破剂、手雷、手榴弹等。

③烟火制品：礼花弹、烟花、鞭炮、拉炮、砸炮、发令纸以及黑火药、烟火剂、引线等。

（3）管制刀具

管制刀具包括：陶瓷类刀具、匕首、三棱刀（包括机械加工用的三棱刮刀）、带有自锁装置的弹簧刀以及其他类似的单刃、双刃、三棱刀等。

（4）易燃易爆物品

易燃易爆物品包括：

①易燃、助燃、可燃毒性压缩气体和液化气体：氢气、甲烷、乙烷、丁烷、天然气、乙烯、丙烯、乙炔（溶于介质的）、一氧化碳、液化石油气、氧气、煤气（瓦斯）等。

②易燃液体：汽油、煤油、柴油、苯、乙醇（酒精）、丙酮、乙醚、油漆、稀料、松香油及含易燃溶剂的制品、2千克以上的散装白酒等。

③易燃固体：红磷、闪光粉、固体酒精、赛璐珞等。

④自燃物品：黄磷、白磷、硝化纤维（含胶片）油纸及其制品等。

⑤遇水燃烧物品：金属钾、钠、锂、碳化钙（电石）镁铝粉等。

⑥氧化性物质和有机过氧化物：高锰酸钾、氯酸钾、过氧化钠、过氧化钾、过氧化铅、过氧乙酸、过氧化氢等。

（5）毒害品

毒害品包括：氰化物、砒霜、毒鼠强、汞（水银）、剧毒农药等剧毒化学品以及硒粉、苯酚、生漆等。

（6）腐蚀性物品

腐蚀性物品包括：盐酸、硫酸、硝酸、氢氧化钠、氢氧化钾、蓄电池（含氢氧化钾固体或注有碱液的）等。

（7）放射性物品

放射性物品包括放射性同位素等。

（8）传染病病原体

传染病病原体包括：乙肝病毒、炭疽菌病毒、结核杆菌、艾滋病病毒等。

（9）管制刀具以外的菜刀、餐刀、大型水果刀、工艺品刀、斧子等利器

（10）易污染站车设备的装饰材料，如涂料、玻璃胶等

（11）国家法律、行政法规规定的其他禁止乘客携带的物品

3. 电气化铁路

①电气化铁路的接触网带有高压电，严禁直接或间接接触任何部件，以防触电。

②不要在接触网的铁塔边休息，防止因绝缘不良而发生触电事故。

③严禁攀登接触网支柱和铁塔，以防触电。

④不要走道心，所携带物件距接触网设备必须有2米以上的距离，以保证人身安全。

⑤如发现接触网断线，千万不要靠近，应距电线断线处10米以外，防止发生触电事故。

⑥严禁爬乘货物列车，以免触电。

学以致用

①中职学生乘坐火车，为了保证自身的安全，应注意些什么？

_____

_____

_____

_____

_____

_____

_____

②在现代城市中，轻轨或地铁的发展为我们的出行提供了极大的便利，那么，我们在乘坐时，应具有的文明行为有哪些呢？请举例说明。

_____

_____

_____

_____

_____

_____

_____

_____

第八节 航空安全

案例导入

案例 2010年12月4日下午5时许,陕西省境内榆林至西安的某航班飞机起飞后,坐在27排A座的旅客王某和坐在27排F座的旅客贺某声称"贺某身上有定时炸弹"。接警后,民航陕西机场公安局迅速启动应急处置预案,飞机降落在西安咸阳国际机场后,民警将王某、贺某带离,随后疏散旅客,当时飞机上共有90多名旅客,疏散时后排部分旅客已经惊慌。随后,公安、安检等部门对飞机进行安全清仓,确认飞机上并无爆炸物。

经调查,王某、贺某承认,说身上有爆炸物只是一句玩笑话。机场安全部门随即依法对王某和贺某处以行政拘留10天,并处行政罚款500元。

案例思考

本案例中的王某和贺某为什么会被拘留和罚款? 读完这个故事,对你有什么启示?

_____

_____

_____

_____

案例分析

　　王某和贺某乘坐飞机时，谎称携带有定时炸弹，影响了飞机的正常飞行，造成了飞机航班的延误和飞机上乘客的恐慌，影响了公共安全。

安全预防

　　在现代社会中，中职学生中存在家离学校较远的同学，或者有的同学在节假日外出旅游，都有可能乘坐民用航空飞机。民用航空飞机是交通工具中比较安全的，但也不能因此而忽视了安全问题；否则，就有可能发生航空事故，造成重大人员伤亡和财产损失。

　　在乘坐民用航空飞机时，应注意保护身体和财产的安全，主要包括：

　　①在候机厅要遵守秩序，不得追逐打闹。

　　②进入隔离区时，要遵守规定，自觉接受安全检查。

　　③要按顺序登机和下机。

　　④进入机舱内应对号入座，听从机上工作人员的安排，系好安全带，不要随意更换座位。

　　⑤要认真阅读机上的安全须知，了解机上的安全设施、设备及其位置。

　　⑥要弄清所坐位置到安全出口的路线和距离。

　　⑦在飞机上，随身携带物品可放在头顶上方的行李架上，较重物品可放在座位下面。但不要将东西放在安全门前或出入通道上。

　　⑧在正常情况下，不得擅自动用机上的应急出口、救生衣、氧气面罩、防烟面罩、灭火器材等救生应急设施、设备和标有红色标志的设施。

　　⑨乘坐飞机时，请不要和机组人员、其他旅客、朋友开关于安全的玩笑，这有可能引起飞机立刻返航或就近紧急降落。

　　⑩飞机上不要使用手机，尤其是起飞和降落阶段。

知识拓展

　　乘坐飞机时，还应了解、掌握下述有关知识。

　　1.订票

　　网络订票需要身份证原件、手机号码。当填写完客户资料后，您会自动收到受理订票网站的确认短信，以及此航班的具体信息。

2. 取票

务必在起飞前的 1 个半小时到 1 个小时前到达机场，以办理取票和托运手续。带好行李，准备好订票填写时的身份证，去取票处或者购票处取票，扫描身份证后获取登机牌。

3. 托运

使用登机牌、机票以及身份证，在托运的受理地点托运不允许随人登机的超重或者超过尺寸的物品。水果刀或者尖锐金属物品最好放在行李中托运。

关于携带物品。随身携带上飞机的液体容量不得超过 100 mL，而且每种化妆品只能携带一件。在随身携带的物品中，不得夹带禁运、违法和危险物品，包括易燃物、易爆物、腐蚀物、有毒物、放射物品、可聚合物质、磁性物质、成瘾药物及其他违禁品；不要为陌生人捎带行李物品。

4. 登机

拿好登机牌到指定的窗口登机并对号入座。在登机之前建议旅客吃点东西避免空腹，提前上厕所，因飞机遇到气流的时候厕所会停用。

飞机在起飞和飞行的过程中，禁止使用电子电气设备（包括移动电话、寻呼机、游戏机、手提电脑、调频调幅收音机等），禁止吸烟。

5. 意外处理

快起飞或者飞行已经稳定的时候会播放关于本次航班的具体信息，例如有氧口罩的使用方法，当你感觉不适的时候可以使用，还会播放逃生位置以及发生意外如何自救的视频，以备不时之需。高空发生意外不要害怕，应听从机组人员的指挥。发生意外后，机组会打开紧急出口，狭长的气囊会自动充气，生成一条连接出口与地面的斜面，人员可沿斜面滑行到地面上。

学以致用

乘坐飞机时有哪些基本常识？

_____

_____

_____

_____

_____

_____

_____

第九节 交通事故的处置

案例 南宁某高校学生王某在夜晚寒冷的细雨中单独一人步行回宿舍。在某拐弯路口，遇到庞某驾驶一辆大货车迎面驶来，在强光车灯的照射下，王某看不见路，本能地避让到水泥路外的泥地上。由于汽车超速行驶，又遇上雨天路滑，驾驶员在刹车时尾部横甩，车厢系篷布的钉钩甩撞上王某的嘴部正面，王某的上下门牙全部被打断，上下颌骨被撞成粉碎性骨折，倒在地上。王某被汽车刮断下来的一根大树枝全部盖住，现场留下 30 多米长的刹车印。事故发生后，驾驶员下车查看现场，由于天黑，没有发现被撞伤尚躺在树下的王某而离去。20 分钟后王某被过路的行人发现并送医院抢救。保卫处接到报案后展开调查，凌晨 2 点 30 分左右将肇事驾驶员庞某抓获，但肇事车辆已被另一名驾驶员开走。

案例思考

案例中导致王某受伤的原因是什么？读完这个故事，对你有什么启示？

_____

_____

_____

_____

_____

案例分析

造成事故的直接原因是驾驶员庞某雨天路滑超速行驶，因其不熟悉学校的道路情况，当发现前面是转弯时，为避免翻车，采取紧急刹车不当，造成车辆尾箱横甩，把已避让于道路外的行人王某撞成重伤，停车下车查看又不仔细，违反了《治安管理处罚条例》

第三十五条的规定，驾驶员庞某应负全部责任。王某发现有车开来时已避让到水泥路外的泥地上，没有违章，不负责任。

此案提醒我们，校园内高速行车容易发生交通事故，特别是在雨天，高速行驶的车辆转弯时更容易出事，行人要格外小心。

1. 道路交通事故的处理

无论在学校还是在校内，一旦发生交通事故后，首先要及时报案，以有利于事故的公正处理。可以拨打122或110报警电话，准确报出事故发生的地点及人员、车辆伤损情况。除及时报案外，还应该及时与学校取得联系，由学校出面处理有关事宜。

（1）道路交通事故的解决方法

要区别情况，选择解决事故的办法，或是自行协商解决，或是报警解决。

①当机动车与机动车、机动车与非机动车在道路上发生未造成人身伤亡的交通事故时，当事人对事实及成因无争议的，在记录交通事故发生的时间、地点、双方当事人的姓名和联系方式、机动车牌、驾驶证号、保险凭证号、碰撞部位并共同签字后，双方可撤离现场，自行协商损害赔偿事宜。如果当事人对交通事故事实及成因有争议，则不能撤离现场，应当迅速报警。

②当在道路上发生造成人身伤亡的交通事故时，车辆驾驶员应当立即抢救受伤人员并迅速报警。

③当非机动车与非机动车或者行人在道路上发生交通事故，未造成人身伤亡，而且基本事实以及成因清楚的，当事人应当先撤离现场，再自行协商处理损害赔偿事宜。如果当事人对交通事故事实以及成因有争议，则应当迅速报警。

④控制肇事者。若肇事者想逃脱，一定要设法控制。自己不能控制的，可以发动周围的人帮助控制；若实在无法控制，就要记住肇事车辆的车牌号等基本信息。

（2）道路交通事故现场的保护

交通事故当事人应当保护交通事故现场。交通事故现场，是指发生交通事故的车辆与事故有关的物体、痕迹和伤亡人员及其所在地点。现场情况是了解、判断事故发生过程、原因、责任和正确处理事故的重要依据。发生交通事故后，当事人故意破坏、伪造现场及毁灭证据的，承担全部责任。

保护交通事故现场，就是保护交通事故发生时的原始现场，车辆、物品、伤亡人员以及痕迹都不能变动。为了解决抢救受伤人员同保护现场的矛盾，在抢救受伤人员需要变动现场时，应当标明位置。

（3）道路交通事故损害赔偿

在道路上发生交通事故后，当事人不能自行协商处理的，报警之后，交通警察到现场，进行勘验、检查，搜集证据，制作交通事故认定书，作为处理交通事故的证据。当事人收到交通事故认定书后，如对交通事故损害赔偿有争议，有两条解决途径可供选择，即请求公安交通管理部门调解，或者直接向人民法院提起民事诉讼。交通事故损害赔偿项目和标准依照有关法律的规定执行。

2. 发生在高校内部的交通事故的处理

高校的道路归高校自己管理，高校的道路允许社会车辆进入和停放，故校园的道路应是社会道路的延伸。高等学校里发生交通事故，当事人根据情况可自行协商解决，也可向公安机关交通管理部门报案，并向学校保卫部门报告。

3. 当事人在交通事故中的主要事项

（1）发生交通事故后现场的主要表现

①突然发生交通事故时，由于没有思想准备，而对惨不忍睹的伤亡现场和众多的围观者，许多肇事驾驶员束手无策，延误了抢救时机，加重了不应有的损失。

②当事人不知如何保护原始现场，使有些本来对自己有利的证据被破坏或改变。

③由于私心严重和缺乏法制观念，有些肇事者故意破坏、伪造现场、毁灭证据、嫁祸于人。

④双方当事人自己"私了"处理。

⑤事故发生后，为逃避法律责任，故意逃离事故现场。

上述这些现象给自己、他人、国家都带来了不应有的损失和危害，造成了不良的影响，当事人应该加以注意。

（2）发生交通事故后对当事人的要求

①发生交通事故后要立即停车，保护现场。若事故造成人员伤亡，要迅速抢救伤者。应仔细检查伤亡情况，拦截过往车辆并将伤者送往就近医院抢救，如无过往车辆而情况又特别紧急时，可以自己开事故车直接送伤者到医院，以争取时间。但是，必须将伤者位置和车体位置标明，用石头或树叶等东西将主要部分围起来，禁止车辆或行人进入现场，防止事故现场被破坏。

②要立即检查和救护车辆，消除危险，减少损失，防止着火、爆炸、腐蚀等。

③要及时报案，防止因报案不及时而承担不必要的事故责任，应先报警，再报单位领导和有关部门（如保险公司）。如在单位内部道路上发生事故，应向出事属地单位报告。

④要委托证人证明，防止与证人失去联系。发生严重交通事故后，驾驶人员应及时注意事故现场的见证人和证据，记下见证人姓名、性别、单位、住址及电话、QQ号码等。

⑤驾驶员不要存在侥幸心理而在肇事后逃离，置伤亡人员或国家财产于不顾。作为学生，应及时将事故控制情况报告给学校。

⑥不要伪造现场，破坏现场，毁坏证据，以免事故处理复杂化。

⑦不要隐瞒事故真相，嫁祸于人。

学以致用

发生交通事故的当事人，应当注意些什么？

附：交通安全标志

十字交叉路口	T 形交叉路口	T 形交叉路口	T 形交叉路口
Y 形交叉路口	环形交叉路口	向左急转弯	向右急转弯
反向弯路	连续弯路	右侧变窄	左侧变窄
两侧变窄	双向交通	注意危险	上坡路
下坡路	注意行人	注意儿童	注意横风
易滑路面	傍山险路	堤坝路	隧道
渡口	驼峰桥	过水路面	注意落石
村庄	铁路道口	施工	叉型符号

禁止通行	禁止进入	禁止机动车通行	禁止后三轮摩托车通行
禁止某两种车通行	禁止大客车通行	禁止汽车拖挂车通行	禁止手扶拖拉机通行
禁止摩托车通行	禁止载货车通行	禁止拖拉机通行	禁止鸣喇叭
禁止向左转弯	禁止向右转弯	禁止掉头	限制宽度
限制高度	禁止超车	解除禁止超车	禁止停车
限制质量	限制速度	限制重量	会车让行
停	让	40	

第六章

消防安全

第一节　火灾的预防

案例导入

案例1　2001年11月3日下午，某大学一学生公寓504宿舍发生一起火灾事故，致使配给该舍使用的照明、床板、物品柜等设施因火灾被损，另有价值1万余元的学生个人财物被烧毁。该公寓住的全部是女生，火灾发生时该舍无人。经查这起火灾事故是该宿舍两名女学生违反学生公寓管理制度，将"热得快"放在暖壶里烧水，人走时忘断电源从而酿成火灾。

案例2　2001年12月17日，某大学一学生宿舍楼发生火灾，一研究生寝室内电脑、电视等所有物品全遭焚毁。火灾发生时，楼道里充斥着呛人的浓烟，楼内到处可见明晃晃的火苗。当时有千余名女生被困楼内，幸被消防队员及时救出。经调查，火灾起因是台灯使用时间过长引燃床单，后引燃室内书籍和衣物。

案例思考

①通读两个案例，请梳理火灾发生的原因，你认为火灾发生还可能有哪些原因？

_____

_____

_____

_____

②通过对火灾原因的梳理，你认为应该从哪些方面去预防火灾？

_____

_____

_____

_____

案例分析

学校是火灾的易发场所，校园火灾往往具有事故突发、起火原因复杂、建筑密集、救援困难、人员集中、疏散困难等特点。通过这两个案例，我们对火灾有了一些基本了解。这两个案例中，火灾发生均是因为学生不当或违规使用电器引起的。学生宿舍是一个集体场所，是一个人口密度极大的聚居地，任何一场火灾都可能造成极为严重的后果，带来无可挽回的财产损失和人身伤害。为了保证住宿同学的生命财产安全，宿舍内严禁使用违章电器、劣质电器、非安全电器、无 3C 认证产品及其他危害公共安全、不适宜在集体宿舍内使用的大功率电器设备。

火灾预防

学生应当从自身做起，严格遵守有关消防规定，尽最大可能预防火灾的发生，并做到以下几点：

①不将火柴、打火机等火具带入校园，也不带汽油、烟花爆竹等易燃易爆物品进入校园。

②拒绝吸烟，不乱丢火种。现在有很多火灾的罪魁祸首是烟头。校园实行全面禁烟后，更不容许任何人在校园内抽烟、乱丢烟头。

③不使用蜡烛等明火照明用具。蜡烛等明火照明工具是最直接的火源，如果需要小范围的照明，可以选择使用台灯。

④注意用电安全，不违章用电，不私拉乱接电线，不使用禁用电器。用电安全对于学生来说是最应该注意的。不安全用电会引发火灾等非自然灾害，直接地威胁学生生命。若发现用电隐患，每个同学都有责任向学校报告。

⑤严禁使用电炉、"热得快"等大功率电器。大功率电器是引发安全隐患的主要原因之一，此前很多大功率电器引发的火灾等灾害无时无刻不在警示着我们。

⑥不在宿舍擅自使用煤炉、液化炉、酒精炉等灶具。

知
识
拓
展

家用电器防火小常识

①家用电器由于使用时间长久或电器本身质量不合格、受潮受热等原因而造成电器的绝缘性能受到破坏，易于发生漏电而引起火灾。因此，家用电器在使用中应经常检查和保养，发现问题及时修理。

②对于家用电器上已老化或破皮的电源线应及时更换，更换时应符合原电源线的规格。

③应注意保养好家用电器，及时清除污物和灰尘。

④家用电器应放在室内干燥的地方，不能用湿布去擦带电的家用电器。

⑤家用电器过热时应停止使用，严禁用水降温。

⑥家用电器旁严禁堆放各种易燃品。

⑦各种发热的家用电器用完后应及时关掉电源，严禁放置在木质家具和易燃品之上，防止引燃他物引起火灾。

学以致用

2015年6月，小明因为天气太热而不愿意去食堂吃饭，同寝室的小波神秘地告诉小明寝室有好吃的，然后小波悄悄地拿出了电热炉和买好的菜品，准备和小明在寝室大吃一顿。你认为小波的行为正确吗？为什么？小明该怎么做？

_____

_____

_____

_____

_____

_____

_____

 安全提醒

①严禁在校园内私拉乱接电线，使用大功率电器。

②严禁吸烟。

③严禁将易燃易爆物品带入校园。

第二节 灭火的基本方法

案例导入

案例1 2014年11月21日，某地，一名独居老人在晚睡时将电治疗灯放入被窝里，导致被子半夜着火。老人自行灭明火后用风扇驱烟，换房睡觉，又引发更大的火，几乎烧毁整套房屋。所幸老人逃生及时，头发眉毛被烧焦，人无大碍。有人打了119报警，消防官兵到场很快控制了火势，但房间里的物品所剩无几。

案例2 据《东方早报》报道，2012年8月28日14时许，嘉定区14家星级饭店的负责人及百余名员工在浏岛度假村广场进行一场员工专职消防队的消防技能较量，但有员工却在比赛中受到轻伤。

近日，上海市旅游局和上海市消防局要求，在全市233家三星级以上饭店组建专职或志愿消防队。嘉定区14家星级饭店的消防队员有安保、前台、前厅、厨师等酒店业的不同工种，但同为单位的兼职消防队成员。

比赛期间，记者注意到，有几名员工在灭火操作上不规范，导致受轻伤。如一女员工持灭火器后，未站在火势燃烧的上风向，且身体前倾，未将灭火器的喷头倾斜对准着火点，导致飞起的火星烧到队员的头发及手指。

案例思考

①案例1中导致火灾再次发生的原因是什么？读完这个故事，对你有什么启示？

_____

_____

_____

_____

_____

②案例2中队员受伤的原因是什么？怎样避免？

_____

_____

_____

_____

_____

案例分析

在案例1中，老人将电疗灯放入被窝中，使得电疗灯这一大功率且发热量极高的电器直接与易燃的棉被接触，引燃了明火。当火情发生时，老人又独自进行扑救，虽然火情不严重，但独自救火的行为是十分危险的。当火情消弭后，老人离开现场，并使用风扇吹火情发生点以驱散烟雾，导致火情再次发生，这种行为是错误的。在案例2中，消防比赛和演练本是为了提高员工自身灭火自救能力而设置，但部分员工不熟悉消防器材的使用，在比赛过程中因灭火器操作不规范而受伤，提醒我们要认真学习灭火器使用技能。

灭火常识

灭火的基本方法：

1.隔离法

将正在发生燃烧的物质与其周围可燃物隔离或移开，燃烧就会因为缺少可燃物而停止。如将靠近火源处的可燃物品搬走，拆除接近火源的易燃建筑，关闭可燃气体、液体管道阀门，减少和阻止可燃物质进入燃烧区域等。

2.窒息法

阻止空气流入燃烧区域，或用不燃烧的惰性气体冲淡空气，使燃烧物得不到足够的氧气而熄灭。如用二氧化碳、氮气、水蒸气等惰性气体灌注容器设备，用石棉毯、湿麻袋、湿棉被、黄沙等不燃物或难燃物覆盖在燃烧物上，封闭起火的建筑或设备的门窗、孔洞等。

3.冷却法

将灭火剂（水、二氧化碳等）直接喷射到燃烧物上把燃烧物的温度降低到可燃点以下，使燃烧停止；或者将灭火剂喷洒在火源附近的可燃物上，使其不受火焰辐射热的威胁，避免形成新的着火点。此法为灭火的主要方法。

4. 抑制法（化学法）

将有抑制作用的灭火剂喷射到燃烧区，并参加到燃烧反应过程中，使燃烧反应过程中产生的游离基消失，形成稳定分子或低活性的游离基，使燃烧反应终止。目前使用的干粉灭火剂、1211 等均属此类灭火剂。

知识拓展

灭火器使用步骤：
①提起灭火器。
②拉开安全针（保险针）。
③用力握下手压柄。
④对准火源的根底部喷射。
⑤左右移动扫射。
⑥保持监控，确定熄灭。

学以致用

①在日常的生活中，我们每个人几乎天天都在与火打交道。一旦发生火灾，尤其是火灾初起阶段，如发现及时，处置方法得当，就能很快将火扑灭。如果厨房油锅突然起火，我们该如何处置呢？

_____

_____

_____

_____

_____

_____

_____

②某日，小李在家里用电炒锅炒菜，家中电路突然发出异常响声，接着小李闻到一股焦灼味，原来家中电路起火了。请问小李应当如何处置？

_____
_____
_____
_____
_____
_____
_____
_____

！！安全提醒

①辨明危险及时脱身

扑救密闭室内火灾时，应先用手摸门，如门很热，绝不能贸然开门或站在门的正面灭火，以防爆炸。

装有油品的油桶如膨胀至椭圆形时，可能很快就会爆炸。救火人员不能站在油桶封口处的正面，且应加强对油桶进行冷却保护。

竖立的液化石油气瓶发生泄漏燃烧时，如火焰从橘红变成银白，声音从"吼"声变成"嗤"声，就会很快爆炸。应及时采取有力的应急措施并撤离在场人员。

②室内火灾不要先开门窗

室内着火，如果当时门窗紧闭，一般来说不应急于打开门窗。因为门窗紧闭，空气不流通，室内供氧不足，火势发展缓慢。一旦门窗打开，大量的新鲜空气涌入，火势就会迅速发展，不利于扑救。

第三节　火场逃生自救

案例导入

案例1　2008年11月24日早晨6时10分许，上海商学院徐汇校区宿舍楼602女生寝室失火，过火面积达 20 平方米左右。因室内火势过大，4 名女大学生从 6 楼寝室阳台跳楼逃生，不幸当场死亡。上海市公安局对外发布消息称，当日早上致 4 名大学生死亡的上海商学院学生宿舍火灾事故原因判断为寝室里使用"热得快"引发电器故障并将周围可燃物引燃所致。

案例 2　火一直在烧，消防队员与消防志愿者展开了一场有效的灭火行动。他们先进屋抢出煤气瓶，再进行集中浇水降温。消防队员、消防志愿者袁力平在拿煤气瓶时，隐约感觉到旁边卫生间有动静。19 时左右，袁力平再次设法冲入火场，踹开卫生间门后，发现 88 岁的老太太还活着。老太用湿毛巾把整个头包起来躲在浴缸里，袁力平将她一把拉起并背上拼命往外冲。"让开，让开！"他大叫着，许多村民开始一愣，继而爆发出连绵不断的掌声和叫好声。老太太被火速送往市人民医院，经过仔细检查，她的临灾自救措施到位，没有发生意外。

案例思考

①案例 1 中女生跳楼逃生的方式正确吗？为什么？

_____

_____

_____

_____

②案例 2 中老太太获救最主要的原因是什么？你认为遭遇火灾该如何逃生自救？

_____

_____

_____

_____

案例分析

案例1中，4名女大学生由于不熟悉消防逃生技巧，直接从6楼跳下导致全部死亡。这种情况在高层火灾中时有发生，由于许多人缺乏消防逃生知识，导致死亡在逃生之路上。在高层火灾发生时，若遇到案例1中的类似情况应该尽量待在水源充足的房间里，把门关紧，将门缝塞上湿毛巾，再用湿毛巾捂住鼻子，等待消防官兵救援。案例2中，老太熟悉逃生技巧，最终等到了消防官兵的救援。

逃生自救方法

①绳索自救法：家中有绳索的，可直接将其一端拴在门、窗档或重物上，沿另一端爬下。过程中，脚要成绞状夹紧绳子，双手交替往下爬，并尽量采用手套、毛巾将手保护好。

②匍匐前进法：由于火灾发生时烟气大多聚集在上部空间，因此在逃生过程中应尽量将身体贴近地面匍匐或弯腰前进。

③毛巾捂鼻法：火灾烟气具有温度高、毒性大的特点，一旦吸入后很容易引起呼吸系统烫伤或中毒，因此疏散中应用湿毛巾捂住口鼻，以起到降温及过滤的作用。

④棉被护身法：用浸泡过的棉被或毛毯、棉大衣盖在身上，确定逃生路线后用最快的速度钻过火场并冲到安全区域。

⑤毛毯隔火法：将毛毯等织物钉或夹在门上，并不断往上浇水冷却，以防止外部火焰及烟气侵入，从而达到抑制火势蔓延速度、增加逃生时间的目的。

⑥被单拧结法：把床单、被罩或窗帘等撕成条或拧成麻花状，按绳索逃生的方式沿外墙爬下。

⑦跳楼求生法：火场切勿轻易跳楼！在万不得已的情况下，住在低楼层的居民可采取跳楼的方法进行逃生。但要选择较低的地面作为落脚点，并将席梦思床垫、沙发垫、厚棉被等抛下作缓冲物。

⑧管线下滑法：当建筑物外墙或阳台边上有落水管、电线杆、避雷针引线等竖直管线时，可借助其下滑至地面。同时应注意一次下滑时人数不宜过多，以防止逃生途中因管线损坏而致人坠落。

⑨竹竿插地法：将结实的晾衣竿直接从阳台或窗台斜插到室外地面或下一层平台，两头固定好以后顺杆滑下。

⑩攀爬避火法：通过攀爬阳台、窗口的外沿及建筑周围的脚手架、雨棚等突出物以躲避火势。

⑪楼梯转移法：当火势自下而上迅速蔓延而将楼梯封死时，住在上部楼层的居民可通过老虎窗、天窗等迅速爬到屋顶，转移到另一家或另一单元的楼梯进行疏散。

⑫卫生间避难法：当实在无路可逃时，可利用卫生间进行避难，用毛巾紧塞门缝，把水泼在地上降温，也可躺在放满水的浴缸里躲避。但千万不要钻到床底、阁楼、大橱等处避难，因为这些地方可燃物多，且容易聚集烟气。

⑬火场求救法：发生火灾时，可在窗口、阳台或屋顶处向外大声呼叫、敲击金属物品或投掷软物品。白天应挥动鲜艳布条发出求救信号，晚上可挥动手电筒或白布条引起救援人员的注意。

⑭逆风疏散法：应根据火灾发生时的风向来确定疏散方向，迅速逃到火场上风处躲避火焰和烟气。

⑮"搭桥"逃生法：可在阳台、窗台、屋顶平台处用木板、竹竿等较坚固的物体搭在相邻建筑，以此作为跳板过渡到相对安全的区域。

知识拓展

火场逃生四不要

①不要沿原路逃生。大多数建筑物内部的道路出口一般不为人们所熟悉，一旦发生火灾时，人们总是习惯沿着进来的出入口和楼道进行逃生，当发现此路被封死时，已失去最佳逃生时间。

②不要向光亮处逃生。在紧急危险情况下，人们总是向着有光、明亮的方向逃生。而这时的火场中，光亮之地正是火魔肆无忌惮的逞威之处。

③不要盲目跟着别人逃生。当人的生命突然面临危险状态时，极易因惊慌失措而失去正常的判断思维能力，第一反应就是盲目跟着别人逃生。常见的盲目追随行为有跳窗、跳楼，逃（躲）进厕所、浴室、门角等。

④不要从高往低处逃生。特别是高层建筑一旦失火，人们总是习惯性地认为：只有尽快逃到第一层，跑出室外，才有生的希望。殊不知，盲目朝楼下逃生，可能自投火海。

学以致用

火场逃生歌谣

火灾袭来迅速逃，不要贪恋物和包；

平时掌握逃生法，熟悉路线要记牢。

受到威胁披湿物，安全出口要找好；

穿过浓烟贴地面，湿巾捂鼻最重要。

身上着火不要跑，就地打滚压火苗；

遇到火灾弃电梯，紧急出口方向逃。

室外着火门已烫，夺门而逃不能靠；

要防大火蹿入室，浸湿被褥堵门牢。

若遇逃生路被堵，退回室内发信号；

等待救援是关键，消防队员本领高。

！！安全提醒

①逃生预演事半功倍

　　提醒：事前预演，临危不惧。

②熟悉环境暗记出口

　　提醒：居安思危，预留通路。

③通道出口畅通无阻

　　提醒：自断后路，必死无疑。

④扑灭小火，惠及他人

　　提醒：争分夺秒扑灭"初期火灾"。

⑤不入险地，不贪财物

　　提醒：留得青山在，不怕没柴烧，勿贪恋财物。

⑥保持镇静，明辨方向，迅速撤离

　　提醒：受到火势威胁时，要当机立断披上浸湿的衣物、被褥等向安全出口方向冲出去。

⑦简易防护，蒙鼻匍匐

　　提醒：穿过浓烟逃生时，要尽量使身体贴近地面，并用湿毛巾捂住口鼻。

⑧善用通道，莫入电梯

　　提醒：逃生的时候，乘电梯极危险。

⑨缓降逃生，滑绳自救

　　提醒：胆大心细，救命绳就在身边。

⑩避难场所固守待援

　　提醒：室外着火，门已发烫时，千万不要开门，以防大火蹿入室内。

⑪缓晃轻抛，寻求援助

　　提醒：若所有逃生线路被大火封锁，要立即退回室内，用打手电筒、挥舞衣物、呼叫等方式向窗外发送求救信号，等待救援。

⑫火已及身，切勿惊跑

　　提醒：身上着火，千万不要奔跑，可就地打滚或用厚重的衣物压灭火苗。

第七章

社会安全

严防误入邪教

严防误入传销

坚决抵制毒品

严防被骗

严防被抢劫

第一节 严防误入邪教

案例导入

案例 刘思影，女，1988年3月出生，河南省开封市苹果园小学五年级学生，1999年跟随母亲刘春玲在家中练习"法轮功"。2001年1月23日下午，在痴迷法轮功的妈妈带领下，和其他5名法轮功人员按照李洪志"放下生死""追求圆满"的要求，在北京天安门广场集体自焚。之前练功的人告诉她："火烧不着你，只从你身上过一下。一瞬间就到了天国。""那是一个美妙的世界，你起码是个'法王'，还有很多人侍候你"。但当她点燃身上的汽油，一切全变了，火苗蹿起后，钻心的疼痛和巨大的恐惧，使年幼的刘思影禁不住失声哭喊："妈妈——""叔叔，救救我！"然而那时谁也救助不了她，她母亲刘春玲当场烧死。经民警全力扑救，她被紧急送往医院，北京积水潭医院烧伤科诊断：热烧伤40%，合并重度吸入性损伤，头面部4度烧。虽经北京积水潭医院全力抢救，终因伤势严重，经医院全力抢救无效死亡，年仅12岁。

——摘自《北方网：科技无限》中《随母自焚的12岁女童刘思影》

案例思考

你认为案例中导致儿童刘思影死亡的原因是什么？读完这个故事，对你有什么启示？

_____

_____

_____

_____

案例分析

案例中，刘思影的妈妈痴迷法轮功，相信所谓的"放下生死""追求圆满"，想通过自焚进入"天国"。这是一种极端愚昧的做法，让一个可爱的孩子失去了宝贵的生命。法轮功等邪教组织不仅祸害群众及其家人，还导致社会不安定。

安全预防

面对邪教组织，我们应学会必要的防范措施，避免陷入其中，其方法主要有以下几个方面：

①多阅读积极健康的书籍，用科学武装自己的头脑，参与健康向上、有益身心的社会活动，包括体育健身活动，形成健康、良好的兴趣爱好。

②如果有人向你宣传邪教，要态度坚决，义正词严地予以拒绝，并及时向公安机关报告，做到不听、不信、不传。

③遇到邪教分子纠缠，要克服害怕报复、不想多事的想法，设法报警或扭送其至派出所。若你胆小怕事，不敢拒绝或举报，邪教分子便会纠缠不放。

④被邪教势力包围，受到人身攻击时要及时跟家人说明情况，争取家人、朋友的帮助；同时采取灵活的方法报案，努力避免恶性案件的发生。

⑤陷进邪教后醒悟却无法脱身时，一要摆脱邪教的精神控制，不怕其任何方面的恐吓；二要主动向公安机关说明问题，积极检举揭发邪教分子的违法乱纪行为，争取从宽处理。

⑥大中专学生如果发现有人利用会道门、邪教组织，利用迷信蒙骗群众，危害社会治安，要及时向公安、保卫部门举报。

知识拓展

1. 什么是邪教

简单地说，"邪教组织"是指冒用宗教的名义或者宗教的教名而建立的、不受国家法律承认和保护的所谓宗教组织。1999 年 10 月，最高人民法院、最高人民检察院通过了《关于办理组织和利用邪教组织犯罪案件具体应用法律若干问题的解释》，其中对"邪教组织"作了司法解释："邪教组织"是指冒用宗教、气功或者其他名义建立，神化首要分子，利用制造、散布迷信邪说等手段蛊惑、蒙骗他人，发展、控制成员，危害社会的非法组织。

邪教的歪理邪说欺骗和误导了很多群众，致使一些邪教成员变卖家产用于吃喝，坐等"世界末日"，放纵于暴力，沉迷于欲望，贪求钱财。邪教严重危害社会和危害人民群众的生命财产安全；破坏了人民的正常生活；破坏生产，影响社会的安定。

2.邪教的特征

其一，教主崇拜，唯教主是从，为教主而生而死。美国邪教"人民圣殿教"教主琼斯、"大卫教"教主考雷什，日本邪教"奥姆真理教"教主麻原彰晃等，都把自己吹嘘成神或神的化身。法轮功的李洪志也一样，吹嘘自己是救世主。

其二，精神控制是邪教教主为巩固其"神圣"地位，维持其信徒效忠自己的基本手段。李洪志以祛病、健身为诱饵，以"真、善、忍"为幌子，通过引诱、"洗脑"、恐吓对练习者进行精神控制。

其三，编造歪理邪说是一切邪教教主蒙骗坑害群众的伎俩。李洪志为了发展"法轮功"组织，达至不可告人的目的，编造了"世界末日论""地球爆炸论"等邪说，制造恐慌心理和恐怖气氛，使练习者狂热、盲目地追随他。据不完全统计，全国因修炼"法轮功"致死1400多人。

其四，敛取钱财。现代邪教教主大都是非法敛取钱财的暴发户。李洪志及其"法轮功"组织同样攫取了信徒的大量钱财。

其五，邪教一般都有以教主为核心的严密组织。以李洪志为教主的"法轮大法研究会"组织严密，在全国各省、自治区、直辖市建立总站39个、辅导站1 900个、练功点28 263个，曾一度控制210万名练习者。"法轮功"组织有完备的组织制度，有明确的内部分工，通信联络迅速。

其六，危害社会。邪教之害，主要表现在用极端的手段与现实社会相对抗。邪教"教主"大都有政治野心，李洪志也不例外，同样野心勃勃。

3.我国打击邪教组织的法律武器

我国《刑法》第三百条规定："组织和利用会道门、邪教组织或者利用迷信破坏国家法律、行政法规实施的，处三年以上七年以下有期徒刑；情节特别严重的，处七年以上有期徒刑。组织和利用会道门、邪教组织或者利用迷信蒙骗他人，致人死亡的，依照前款的规定处罚。组织和利用会道门、邪教组织或者利用迷信奸淫妇女、诈骗财物的，分别依照本法第二百三十六条、第二百六十六条的规定定罪处罚。"

1999年10月30日，第九届全国人民代表大会常务委员会第十二次会议通过了《关于取缔邪教组织、防范和惩治邪教活动的决定》。

以上两个重要法律文件为维护社会稳定，保护人民利益，保障改革开放和社会主义现代化建设顺利进行，严厉打击邪教组织特别是"法轮功"这个邪教组织，提供了强有力的法律武器。

学以致用

中职学生为什么要反对邪教？

_____

_____

_____

_____

_____

_____

_____

_____

_____

第二节 严防误入传销

案例导入

案例 在绵阳市经商的唐先生由于表妹所在的绵阳某技工学校的40多名应届毕业生在成都实习期间被骗往广州搞传销，按逃跑回来的学生说的地点，乘飞机前往广州市。他们在当地公安局协助下，在江夏村寻找了一个星期。然而，受骗女学生不但拒绝回家，反而给父母"洗"起了脑。

一、女儿骗父母 拿走万余元

唐先生的妹妹唐艳（化名）应该于2014年6月毕业。2013年3月，所在班级的学生被学校安排到成都龙泉某某集团公司数码相机厂实习。2013年4月初，一部分学生陆续神秘离开相机厂。5月中旬，唐艳接到同学电话，说他们离厂后，即被广州方正电脑公司招收为职员，每月工资2500元。正如一个传销头目所说："只要说每月工资在2000元以上，大中专学生就会趋之若鹜。"唐艳连电话都没给父母打，就同一个姓李的女同学去了广州。从6月12日到6月15日4天时间，唐艳先后8次给游仙区徐家镇某村父母打电话，说自己已被方正电脑公司招收为职员，公司要送他们到广州外语外贸学校培训，要交学费、买电脑。父母信以为真，前后共计汇出1万余元。

二、偷逃回成都　揭开黑内幕

6月18日，比唐艳先离开相机厂的学生何明林（化名）跑回成都。一直对此事持怀疑态度的唐艳父母才得知真相，唐艳被同学骗到广州后，被软禁在广州市白云区江夏村。何明林说，骗去的人，一下车就失去了自由，包括上厕所，都有专人跟从。班长（即上线）要他们必须从亲戚朋友中骗10人以上到江夏村，在规定的时间骗不来，就不给饭吃。何明林弄清真相后，前后逃了三次，前两次均由于不熟悉路线，被抓回去打得遍体鳞伤后，关进室温高达35摄氏度以上的厕所，还不给饭吃。从逃跑被关在厕所里和听课认识的人中，他知道的同级同学就有十几人（有具体的地址和人名，被骗到这里）。这些同学都是绵阳各县的农民工子弟。

三、广州寻女　反遭"洗脑"

得知真相后，唐先生和唐艳父母一行4人赶到广州市白云区，向白云区公安分局和黄石派出所报了案。公安分局曹警官用唐艳父母提供的电话号码，同唐艳的"班长"通了近1小时电话，但"班长"百般狡辩，拒不承认唐艳在他手下，后在曹警官命令下，"班长"才将电话给了唐艳。然而不知是唐艳身不由己，还是中毒太深，任凭唐父和唐先生磨破嘴皮，唐艳不但拒绝回家，相反还大讲"直销"的发财捷径，给自己的父亲和表哥洗起了"脑"。唐艳父母只好向黄石派出所提供了唐艳的相片和部分学生的个人资料，请求警方协助寻找。之后，他们一家4人在江夏村整整找了一个星期，发现了很多搞传销的学生，但就是找不到唐艳。

7月27日，唐先生一行回到绵阳即向学校反映了情况，并向西山派出所报了警。

四、骗局继续演　何时才归家

据该校校长说，这批学生2014年6月30日就毕业了，他们现在到底在哪里，是不是在搞传销，具体情况学校也不是很清楚。但学校有一条铁的纪律，凡是没经过学校和实习单位同意，擅自离开的，都一律作开除学籍处理。

西山派出所罗警官告诉记者，派出所接到报案后，已及时向广州白云公安分局发了函，现在他们还没收到回函。这些学生是否在搞传销，也不知是真是假，要解救学生，还需当地派出所出面。

唐先生说，从广州回来后，唐艳父母就整日以泪洗面，不知如何才能找回自己的女儿。可悲的是，那些已陷在广州的学生，他们的家长至今不相信子女在搞传销，仍坚信子女在方正电脑公司上班。而且，那些受骗上当的学生为了挽回自己的经济损失，仍在欺骗自己的同学不断前往广州。7月30日，又有两名同学被骗去广州。

——摘自《搜狐网》《传销黑网瞄准学生》2004.8.10

案例思考

读完这个故事，对你有什么启示？

_____

_____

_____

_____

_____

案例分析

本案例中的唐艳，本应走上工作岗位施展青春才华、回报父母、回报社会，但轻信骗子"天上会掉馅饼"的谎言，进入传销组织，欺骗父母，让父母操心，给父母、社会增添麻烦。可见传销组织精心设计的骗局，足以让正常人迷失方向，也会使正常人丧失良知，不顾亲情、友情、爱情，只要能拿到钱，什么话都可以说，什么人都可以骗。更可悲的是，传销人员还不知道自己被骗了。

安全预防

传销是国家严厉打击的非法活动。非法传销组织往往以"就业、创业"为名，通过对受害人进行"洗脑"，使其以所谓高额的经济回报和"创业"来诱骗自己的亲戚、朋友或同学缴纳几千元现金后加入其组织，致使很多在校外实习或求职的大中专学生上当受骗，有的甚至被当地黑势力控制，不能脱身。

那么，中职学生如何防止被骗误入传销呢？

①外出实习的大中专学生应严格遵守学校的实习纪律，未经许可不得擅自离开实习单位，确有特殊情况要离开实习单位的，必须先向学校招生就业处说明情况并征得同意后方可离开实习单位。

②在校外实习或求职的学生在校外实习或求职时应注意安全，一旦遇到不法侵害应及时向实习单位求助或向当地警方报案。

③在校外实习或求职的学生应注意加强自我保护意识，不要轻信他人的谎言——"我

这儿工作又轻松工资待遇又好，到我这儿来上班吧。"如果你轻易相信了类似的谎言，就很容易被骗入非法传销组织。

（1）传销，是20世纪80年代末传入中国的。在20世纪90年代，传销给中国的经济社会发展造成了很大危害。

它非法活动的主要特征是：①"拉人头"，骗取不断加入者的"入门费"和认购非法"商品"而维持生计、捞取钱财；②"商品"失去本来意义，成为获得加入传销团伙的条件，因而它不再是一种经营活动，已成为诈骗、非法集资的犯罪行为。

1998年，国家明令禁止一切传销活动，非法传销一时偃旗息鼓。但是近几年，经过改头换面的非法传销又卷土重来，并有愈演愈烈的趋势。

（2）为什么大中专学生也陷入传销泥潭呢？各方人士有着自己的看法。

重庆市公安局经侦总队副总队长杨渝：从大中专学生自身角度看，他们社会接触面不广，往往急功近利，对生活的期望值过高，很容易被那些宣称能暴富的传销组织"洗脑"，上当受骗。同时，陷入传销组织的大中专学生大多来自农村，家庭较为贫困，一旦被骗，无法索回交出的钱，但又想挽回损失，于是越陷越深，不能自拔。从传销组织角度看，其使用的"洗脑"方法切合大中专学生的心理需求，编造的谎言迎合了社会阅历浅、叛逆心理强的大中专学生们的完美幻想。从社会环境看，人们对传销的认识不够深入，对直销和传销的区别知之甚少，尚缺乏全民抵制非法传销的社会氛围。

中国地质大学（北京）学生处处长林善园：一是利益驱动。很多人都想借传销发财，改变自己的生活，大中专学生也不例外。二是传销链强大的控制力。大中专学生一旦进入传销链条，身份证、现金、通信工具等都被收缴，公司天天进行"洗脑"，让他们不得不信那些天花乱坠的说法。一旦被洗脑，他会反过来再做其他同学的工作。三是心理因素。很多陷入传销组织的大中专学生性格比较内向，不爱说话，朋友少，容易相信别人。在学校，他们没有成就感，而在传销组织中，他们找到了这种感觉。四是有的大中专学生理想信念有所缺失，只用有无短期效益来衡量一件事情是否有益。五是学校管理层面的问题。学校在后勤、教学领域启动改革，一系列的问题也伴随而生。比如，学校实行学分制，大家各选各的课，一个宿舍、一个班的同学可能各有各的课堂。有的同学身陷传销组织，很长时间见不到人影，周围的人也不觉得奇怪，学校管理部门也难以发现。

华中师范大学心理学专家郑晓边教授：首先，参加传销的绝大部分是来自农村的大中专学生，其家庭的贫困让他们对传销的一夜暴富神话产生浓厚兴趣，急于让自身和父母脱贫。其次，许多大中专学生被传销组织提出的平等、互爱等虚拟的东西所迷惑。人都有一种被社会承认、被他人关爱的需求。在学校里，部分大中专学生的这种需求被忽视了，他们缺乏亲情、友情的互动。在传销活动中，大家组成"家庭"，一起睡地铺，一起捡菜叶，一起分享感受，从而对传销集体产生心理依赖。其三，群体暗示和从众效应。你讲得再荒唐，几个人在一起谈就不觉得荒唐；大家一起失败，痛苦变成了大家的；如果大家都被欺骗，反而不觉得被欺骗。在群体暗示中，文化水平高的人更容易受到暗示，这是由于他们的求知欲和好奇心更为强烈的缘故。对传销如果只是单纯地打击驱散，肯定是事倍功半。最好能够打击传销者的理念，找到几个醒悟过来的人，让他们再回到传销团队中扩散影响，把他们那种骗完了所有的亲戚朋友后，既赚不到钱又失去亲情的惨况告诉其他参与者，达到攻心效果。

（3）传销五大步骤洗脑骗术。

第一步："火车站接人原则"。

这一步包括两个方面：一是要主动帮助新来人员拿东西，尽量做到热情和周到；二是"二八定律"，即要求拉来人的"业务员"80%谈感情，20%谈事业，绝对不能讲有关传销的事。

第二步：灌输所谓"成功学"，使听讲者的激情膨胀，准备干一番大事业。

第三步：以"直销"之形掩盖"传销"之实。

第四步：营造"磨砺意志"的假象。

第五步：用"ABC法则"进行思想教育。

他们按照"ABC法则"进行思想劝说，即A带B来了之后，A不做B的思想工作，而是让C来做B的思想工作。在大的场合下，传销组织还积极营造出一种感恩的心态，实施"三捧"法则，主动捧"公司"、捧"上线"、捧"公司的理念"。

尽管非法传销骗术花样繁多，但是都有共同的特征，即以"快速致富"为诱饵，大量招揽人员。他们要求参加者必须先付一笔"入门费"以得到所谓获利的机会。而这种机会不是向消费者直接销售产品，而是让参加者"拉人"——进一步发展新的参加者，然后如法炮制，让新参加者支付"入门费"，从新参加者身上获取更多的钱财。

1998年4月，国务院发出了《全面禁止传销经营活动的通知》，指出"传销经营不符合我国现阶段的国情，已造成严重危害，对传销经营活动必须坚决予以禁止。此前已批准登记的从事传销经营活动的企业一律停止，转为其他经营方式。"

非法传销给社会经济的持续稳定发展和人民生活造成了极大的损害。非法传销已经成为不容忽视的严重社会问题，严厉打击非法传销已经刻不容缓！

学以致用

为什么中职学生容易陷入传销的泥潭？

_____

_____

_____

_____

_____

_____

_____

_____

第三节　坚决抵制毒品

案例导入

案例　2014年8月14日，北京市公安局禁毒总队在东城区抓获多名涉毒嫌疑人，其中包括演员房××和柯××，两人的尿检均显示大麻类阳性，同时两人对吸食毒品大麻的违法行为供认不讳。2014年9月17日，房××因涉嫌容留他人吸毒被批准逮捕。2015年1月9日，东城法院第二法庭依法开庭审理房××容留他人吸毒一案，并当庭判处房××有期徒刑六个月，处罚金人民币2 000元。2014年12月，柯××的缓起诉处分确定，期限两年，被行政拘留15日。

——摘自《搜狗百科》

案例思考

案例中作为名人的房××和柯××因吸毒和容留他人吸毒，被判入狱，对此，你有何感想？

_____

_____

_____

_____

案例分析

案例中，房××容留他人吸毒，触犯我国刑法，被处以有期徒刑六个月，并处罚金人民币2 000元；而柯××因吸毒，违反我国治安管理处罚条例，被处以行政拘留15日的处罚。由此可以得知，对于毒品，我们应远离。

安全预防

1. 对毒品的认识误区

青少年正处在生理、心理发育时期，单纯无知，有强烈的好奇心与逆反心理，判别是非能力不强，抵制毒品侵害心理防线薄弱，对毒品的危害性和吸毒的违法性缺乏认识，容易上当受骗，陷入毒品的万恶深渊。要注意避免以下错误的认识：

①轻信一次不会上瘾。好奇心理促使部分青少年误信谣言尝试吸毒，轻信新型毒品"不上瘾，无危害"，但众多吸毒者的亲身经历是"一日吸毒，长期想毒，终身戒毒"。

②"免费午餐"惹的祸。几乎所有吸毒者初次吸食毒品都是接受了毒贩或其他吸毒人员"免费"提供的毒品。此后，毒贩再高价出售毒品给上瘾的青少年。

③轻信吸毒可以减肥。毒贩经常向青少年吹嘘毒品的好处，称可以治病，还利用女青年爱美的心理编造"吸毒可以减肥"之类的谎言。实际情况是吸毒损害大脑，摧残意志，影响血液循环和呼吸系统功能，降低人的免疫能力，引发肝炎、艾滋病、肺结核等疾病。

④误认吸毒为时髦。毒贩们鼓吹"吸毒可以炫耀财富，现在有钱人都吸毒""吸毒是时髦"等错误观念，而部分青少年关注潮流，追崇时尚，往往会被这些错误的观念所左右，走上"吸毒—强制戒毒—劳教戒毒"这条路，不光吸尽家产钱财，也毁灭了自己的美好前程。

2. 防范措施

作为青少年学生，面对毒品，我们应具有怎样的防范措施呢？

①认清毒品对身心健康、家庭和睦的危害，以及吸毒者最终将走上犯罪道路的危害，认清戒毒的痛苦与艰难，远离毒品。

②加强自身的学习和修养，培养高尚的情操和道德观念。积极参加文体活动，增强集体观念，培养广泛的兴趣和爱好，避免孤僻的生活方式。

③谨慎交友，提高对毒品的防御能力，不要结交有吸毒恶习的朋友或听信他们的谗言。

④决不可因好奇而尝试毒品，防止上瘾而难以自拔。

⑤切忌沉溺于舞厅、游戏机房、录像厅等易于诱发和滋生吸毒行为的场所，以防被人诱骗而沾染毒品。

⑥要勇于面对学习、工作和生活中的种种困难和挫折。人生难免会遇到逆境，切不可选择毒品来逃避，麻醉自己，从而最终走上毁灭之路。

⑦一旦沾染毒品，要主动向老师和学校报告，自觉接受学校、家庭以及社会有关部门的监督戒除及康复治疗。

⑧如果发现周围的亲戚朋友中有吸毒的人，要坚定自己的立场和态度，坚决抵制诱惑，并应规劝其戒毒；如果劝说无效，则应坚决不与其往来。

青少年除了提高自身防毒能力外，还应为社会禁毒工作作贡献，有责任向父母、兄妹、亲戚朋友讲解毒品的危害，要敢于向禁毒和有关部门揭露毒品罪犯和吸毒行为，形成人人抵制毒品、远离毒品的社会环境。

1. 毒品及其种类

毒品是指鸦片、海洛因、甲基苯丙胺（冰毒）、吗啡、大麻、可卡因以及国家规定管制的其他能够使人形成瘾癖的麻醉药品和精神药品。

毒品种类很多，分类方法也不尽相同。我们主要介绍以下两种分类方法。

①从毒品的来源看，可分为天然毒品、半合成毒品和合成毒品三大类。天然毒品是直接从毒品原植物中提取的毒品，如鸦片；半合成毒品是由天然毒品与化学物质合成而得，如海洛因；合成毒品是完全用有机合成的方法制造，如冰毒。

②从毒品流行的时间顺序看，可分为传统毒品和新型毒品。传统毒品一般指鸦片、海洛因等流行较早的毒品；新型毒品是相对而言的，主要指冰毒、摇头丸等人工化学合成的致幻剂、兴奋剂类毒品。

2. 吸毒的危害

常见的吸毒方式有静脉注射毒品、肌内或皮下注射毒品及通过呼吸道吸食毒品等。无论用什么方式吸毒，对人体都会造成极大的损害，给家庭和社会带来严重危害。毒品危害是世界公认的与环境污染、青少年犯罪并列的人类三大公害之一。

（1）吸毒对个人的危害

①严重危害人体健康。吸食毒品形成瘾癖后会产生强烈的病态反应：烦躁不安、失眠、疲乏、精神不振、腹痛、腹泻、呕吐、性欲减退或丧失。人体内的毒品达到一定剂量后会刺激脊髓，造成惊厥，乃至神经系统抑制，引起呼吸衰竭而死亡。静脉注射毒品又是传染肝炎、肺炎、性病及艾滋病的重要途径。

②摧残意志和精神，荒废学业。吸食毒品使人逐渐懒惰无力，意志衰退，智力和主动性降低，记忆力减退，致使学业荒废。某校8名学生吸毒成瘾后，生理、心理发生极大变化，经常缺课、旷课，无法继续就读，对自己、对家庭都造成极大损失。

③吸毒摧残人的性命。有资料表明，吸毒人群的平均寿命较正常人群短10～15年。25%的吸毒成瘾者会在开始吸毒后10～20年后死亡。据统计，海洛因吸食者每年的死亡率可高达16%～30%。毒品对人体造成危害，从而引起死亡的原因主要包括各类并发症、感染艾滋病、过量吸食等，长期服用毒品，会产生嗜睡、涕泪交加、疼痛、发痒、忽冷忽热、出汗、恶心和腹泻等症状，并极易感染病毒性肝炎等一系列疾病，严重时会引起昏迷、呼吸减弱、血压过低，并伴随肺水肿，导致呼吸困难而死。

（2）吸毒对家庭的危害

吸毒祸害家庭，"一人吸毒，全家遭殃"。

①耗费大量钱财。吸毒的高额支出，使一些原本富裕的家庭维持不了多久就债台高筑，到了一定程度必然要靠变卖家产换取毒品，致使家徒四壁。

知识拓展

②导致家庭破裂。吸毒成瘾后，吸毒者会变得十分自私且不诚实，性格变得烦躁易怒，他们淡漠了对配偶的关心体贴，淡漠了对家庭的责任和对子女的教育，容易导致幸福美满的家庭的破裂。

③贻害后代。生活在吸毒者家庭中的孩子缺少家庭关爱，常伴有不健康的心理，行为往往具有攻击性和反抗性，这样的孩子易走上违法犯罪的道路。

（3）诱发犯罪、危害社会

吸毒是诱发犯罪的重要原因，这是由于：

毒品不仅危害人体，摧残意志，而且还致使人丧失理智和人格。

吸毒耗资巨大，诱发人为解决毒资铤而走险，走上盗窃、抢劫、诈骗、杀人、贪污、受贿、卖淫等犯罪道路。如某校一学生毕业后分配到一家宾馆工作，吸毒成瘾，先后盗窃公款11万多元人民币，被判处死刑缓期两年执行。

有些吸毒者以贩养吸，从害己转为害人。如某校学生杨某吸毒成瘾，为解决毒资，在校园内贩卖、教唆他人吸食毒品，走上了犯罪道路。

吸毒影响社会稳定，破坏社会风气，腐蚀人的灵魂，毁坏民族精神，对整个社会的文明程度构成威胁。据调查，我国80%的女吸毒人员靠卖淫维持吸毒消费。

吸毒会吞噬社会巨额财富。影响国民素质，影响国家经济的发展。全世界每年毒品交易额达5 000亿美元以上，是仅次于军火而高于石油的世界第二大宗买卖。巨额的毒资流动直接或间接地威胁着国家经济的正常运转。

正因为如此，国家对从事毒品违法犯罪活动的处罚是严厉的，规定：凡是走私、贩卖、运输、制造毒品的，无论数额大小都依法追究刑事责任。对吸食、注射毒品的违法行为处以拘留和罚款；成瘾者予以强制戒除。对强制戒除后又吸食、注射实行劳动教养，并在劳动教养中强制戒除。

3. 吸毒为什么会成瘾

以吸食海洛因为例，对吸毒成瘾机制一致的认识是：人体内本身就有一种类似鸦片类物质的存在，当从外部大量摄入鸦片类物质时，外来的鸦片类物质逐渐取代了原来内在的鸦片类物质，遏制了原来人体内正常鸦片类物质的形成和释放，从而破坏了人体内的正常平衡，形成人体在生理、心理上的依赖。只有不断递增这种外来"摄入"，才能保持人体生理、心理上的平衡，如果中断外来的毒品供应，吸毒的人就会因"犯瘾"而引发生理和心理上的痛苦。

①吸毒成瘾是服用毒品后人的肌体生理和心理发生某种变化的一个过程。

有的专家将吸毒成瘾视为一种脑疾病。人吸毒后，毒品物质会迅速传送到人的脑部，并与人的某种受体物质结合，反复多次后，人体对毒品的耐受性提高，药物的作用逐渐减弱，吸毒者只能以更大的剂量连续不断地来抑制身体反应，满足生理渴求，从而愈陷愈深，不能自拔。

②吸食毒品，使人在生理上形成奖赏性强化的后果，导致在心理上产生依赖性，即强烈的渴求感，也称为"想瘾"或"心瘾"。

③人一旦吸毒成瘾，心理依赖与心理依赖又互相强化，因心理依赖而加重生理依赖，生理依赖产生的戒断症状又反复加重了心理上的依赖。

4.国际禁毒日

20世纪80年代，毒品在全球日趋泛滥，毒品走私日益严重。面对这一严峻形势，联合国于1987年6月在奥地利维也纳召开了关于麻醉品滥用和非法贩运问题的部长级会议。会议提出了"爱生命，不吸毒"的口号，并建议将每年的6月26日定为"国际禁毒日"，以引起世界各国对毒品问题的重视，共同抵御毒品的危害。同年12月，第四十二届联大通过决议，正式将每年的6月26日确定为"国际禁毒日"。

学以致用

为什么中职学生要远离毒品？

_____

_____

_____

_____

_____

_____

_____

第四节　严防被骗

案例导入

案例　2015年5月的一个周末，中职学生小雨感觉到自己幸运日来了。因为早上她的手机收到一条短信："您好！您的手机已成为《奔跑吧兄弟》节目幸运之星，荣获奖金58 000元和苹果电脑一台，请登录www．hnan22e．com，领取号：1568"。苹果电脑，太诱惑人了，一直是她梦寐以求的。于是，她赶紧按照短信的要求下载了客户端，并按要求填写了自己的信息。中午，她接到了回信，回信称：经过核实，她的信息真实有效，但要领奖，按照国家的要求，应先缴个人所得税5 000元，只要把钱打到指定的账号，她所获得的奖金和苹果电脑就会在第二天上午送到。于是，小雨吃完午饭后，就兴高采烈地到银行，按照对方提供的账号，把自己一直舍不得用的压岁钱打了过去，然后静等奖金和电脑。到第二天上午，小雨没有等来奖金和电脑，她试图与对方联系，但打对方留下的电话却关机了，她这才意识到不对，赶紧到学校保卫处报案。保卫处的老师告诉她，这是典型的电话诈骗，她受骗了。于是，保卫处的老师赶紧与她一起，到派出所报案。

案例思考

你认为案例中小雨上当受骗的根本原因是什么？通过她的事例，我们应吸取什么教训？

_____

_____

_____

_____

_____

案例分析

案例中小雨收到短信后，没有充分思考，没有任何的警惕性，就轻信短信所说的内容。同时，小雨还有贪小便宜的思想，以为"天上掉馅饼"了，这正是骗子们利用的心理，所以，骗子得手了。

安全预防

在现代社会，不法分子经常采用欺骗的手法来侵害青少年。而青少年由于社会经验少，常常被他人虚假的言行所迷惑，信以为真，受骗上当，最终使自己的身心受到侵害。未成年人常常成为骗子的侵害对象，这是因为，骗子作案所选择的对象往往是那些文化水平不高、社会经验匮乏、认识能力不强、容易被花言巧语所迷惑的人。为了防止受骗上当，未成年人有必要注意以下几点：

1. 谨防"首因效应"

首因效应也称为"第一印象、初次印象的作用"。在诈骗犯罪中，骗子都自觉或不自觉地认识到第一印象的重要性。他们往往刻意伪装自己，对自己的言谈举止、衣着打扮等都精心设计，力争给人留下一个好的第一印象。青少年由于社会阅历浅，识别能力弱，很容易仅凭第一印象去评价一个人、处理一件事，使认识失之偏颇，最终上当受骗。

2. 谨防"标签效应"

骗子大多利用青少年心理上存在的标签心理，冒充各种身份，打着吓人的招牌和迷人的头衔，使人信以为真。例如，有人羡慕权贵，骗子就自称是高干子女、报社记者，诱人上钩。从一定意义上说，标签效应最容易在社会经验缺乏、辨别能力较弱且本身虚荣心强的人身上奏效。

3. 谨防"贪利心理"

许多受骗者都有一种共同的心理，即贪小利，如有些未成年人迷信权贵，爱占小便宜，爱买便宜货，喜欢时髦等。骗子正是以蝇头小利来吸引人，投其所好，送其所需，从而骗取信任，大肆行骗。所以，对骗子的防范关键是自己不贪小利，一身正气。

4. 谨防"盲目同情"

同情弱者是人们常有的一种心态，一些骗子就是利用这种心态行骗。例如，有的骗子以遗失钱包，无钱购回家的车票，向人"借钱"；有的骗子以家乡受灾，向人乞讨；有的骗子以本人生病向人求援……未成年人大多富有同情心理，故很容易被其利用。防范这类骗子要求青少年凡事三思而行，不要盲目同情，以免上当。

5. 谨防"感恩心理"

许多实施欺诈行为的不法分子，利用未成年人警惕性低、识别能力弱等特征，投其所好，送其所需，"解"其所难，不仅在物质利益上让未成年人感觉到实惠，而且在思想感情上让未成年人产生好感，使其在不知不觉中产生信任，形成感恩心理，失去警惕性，最终达到欺骗未成年人的目的。

6. 谨防"息事宁人"

被欺诈的受害者一般是一些相对软弱的人，这类人大多胆小怕事。所以，他们遇到敲诈勒索后也常常采取息事宁人的做法，这更加剧了不法分子的嚣张气焰。受骗的未成年人不要采取息事宁人的消极态度，而是应当及时报警，让骗子受到法律的严惩。

1. 什么是诈骗

诈骗是指以非法占有为目的，用虚构事实或隐瞒真相方法骗取款额较大的公私财物的行为。由于它一般不使用暴力，而是在一派平静甚至"愉快"的气氛下进行的，受害者往往会上当。提防和惩治诈骗分子，除需要依靠社会的力量和法治以外，更主要的还是中职学生自身的谨慎和防范，认清诈骗分子的惯用伎俩，以防止上当受骗。

在现实生活中，诈骗者有多种手段，而对中职学生等未成年人的诈骗，方式和手段更是多种多样，有时甚至是防不胜防。因此，我们更应对其相关的知识进行了解。下面，我们就从几个方面来谈。

2. 校园内的诈骗

（1）校园内诈骗的主要手段

①假冒身份，流窜作案。诈骗分子往往利用假名片、假身份证与人进行交往，有的还利用捡到的身份证等在银行设立账号提取骗款。骗子为了既能骗得财物又不暴露马脚，通常采用游击方式流窜作案，财物到手后即逃离。还有人以骗到的钱财、名片、身份证、信誉等为资本，再去诈骗他人、重复作案。

②投其所好，引诱上钩。一些诈骗分子往往利用被害人急于就业和出国等心理，投其所好、应其所急，施展诡计而骗取财物。某高校应届毕业生丁某为找工作，经过人托人再托人后结识了自称与某公司经理儿媳妇有深交的哥们儿何某，何某称"只要交800元介绍费，找工作没问题"，谁知何某等拿到了介绍费以后便无影无踪了。

③真实身份，虚假合同。利用假合同或无效合同诈骗的案件，近几年有所增加。一些骗子利用高校学生经验少、法律意识差、急于赚钱补贴生活的心理，常以公司名义、真实的身份让学生为其推销产品，事后却不兑现诺言和酬金而使学生上当受骗。对于类似的案件，由于事先没有完备的合同手续，处理起来比较困难，往往时间拖得很长，花费了许多精力却得不到应有的回报。

④借贷为名，骗钱为实。有的骗子利用人们贪图便宜的心理，以高利集资为诱饵，使部分教师和学生上当受骗。个别学生常以"急于用钱"为借口向其他同学借钱，然后却挥霍一空，要债的追紧了就再向其他同学借款补洞，拖到毕业一走了之。

⑤以次充好，恶意行骗。一些骗子利用教师、学生"识货"经验少又苛求物美价廉的特点，上门推销各种产品而使师生上当受骗。更有一些到办公室、学生宿舍推销产品的人，一发现室内无人，就会顺手牵羊、溜之大吉。

⑥招聘为名，设置骗局。现在有的中职学生进行勤工俭学，诈骗分子往往利用这一机会，用招聘的名义对一些"无知"学生设置骗局，骗取介绍费、押金、报名费等。某高校几位学生通过所谓的"家教中介"机构联系家教业务，交了中介费后，拿到手的只是几个联系的电话号码。其实，对方并不需要家教，或者"联系迟了"，但想要回中介费是绝对不可能的。

（2）校园内诈骗案件的预防措施

①提高防范意识，学会自我保护。中职学生要积极参加学校组织的法制

和安全防范教育活动，多多了解、掌握一些防范知识。在日常生活中，要做到不贪图便宜、不谋取私利；在提倡助人为乐、奉献爱心的同时，要提高警惕性，不能轻信花言巧语；不要把自己的家庭地址等情况随便告诉陌生人，以免上当受骗；不能用不正当的手段谋求择业和出国；发现可疑人员要及时报告，上当受骗后更要及时报案、大胆揭发，使犯罪分子受到应有的法律制裁。

②交友要谨慎，避免以感情代替理智。交友最基本的原则有两条：一是择其善者而从之，真正的朋友应该建立在志同道合、高尚的道德情操基础之上，是真诚的感情交流而不是简单的利益关系，要学会了解、理解和谅解；二是严格做到"四戒"，即戒交低级下流之辈，戒交挥金如土之流，戒交吃喝嫖赌之徒，戒交游手好闲之人。与人交往要区别对待，保持应有的理智。对于熟人或朋友介绍的人，要学会"听其言，察其色，辨其行"而不能"一是朋友，都是朋友"。对于"初相识的朋友"，不要轻易"掏心窝子"，更不能言听计从、受其摆布利用。

③同学之间要相互沟通、相互帮助。有些同学习惯于把个人之间的交往看作是个人隐私，但必须了解，既然是交往就不存在绝对保密。有些交往关系，在自己认为适合的范围内适当透露或公开，更适合安全需要，特别是在自己觉得可能会吃亏上当时，与同学有所沟通或许就会得到一些帮助并避免受害。

④服从校园管理，自觉遵守校纪校规。为了加强校园管理，学校制定了一系列管理制度和规定。制度，总是用来约束人们行为的，在执行过程中可能会给同学们带来一些不便；但是制度却是必不可缺的，况且，绝大多数校园管理制度都是为控制闲杂人员和犯罪分子混入校园作案，以维护学生正当权益和校园秩序而制定的。因此，同学们一定要认真执行有关规定，自觉遵守校纪校规，积极支持有关部门履行管理职能，并努力发挥出自己的应有作用。

3.电信诈骗

（1）什么是电信诈骗

电信诈骗是近年来比较突出的侵财犯罪，包括电话诈骗、信息诈骗、纸质媒介诈骗等，是犯罪分子利用日益先进的通信手段、银行支付渠道以及互联网技术，向不特定多数人实施的诈骗，老百姓极易受骗。

（2）电信诈骗的主要类型和案例

①冒充公检法机关诈骗。犯罪分子使用任意显号网络电话，冒充公检法机关工作人员拨打受害人电话，以受害人邮寄包裹涉毒、有线电视或电话欠费、信用卡恶意透支、被他人盗用身份注册公司涉嫌犯罪等由头，以没收受害人银行存款进行威胁，骗取受害人汇转资金到指定账户。

案例：市民郝某接到自称公安机关的电话，称其因涉嫌经济犯罪，需要对其执行逮捕，让其登录虚假网站，签收"逮捕令"，并要求通过电话给其做讯问笔录，后威胁郝某将所有资金转到公安机关的"安全账户"，否则将予以冻结，并以案件涉密为由，禁止郝某告知家人。郝某出于害怕，将自己的全部资金约合241万转出，几天后，郝某发现被骗。

②QQ诈骗。犯罪分子盗取他人QQ号码，使用该QQ号码，以子女、朋友、公

司老板等身份，向 QQ 好友实施诈骗，受害人往往不经向本人核实，就向犯罪分子实施了转账。此类诈骗，公司财物人员、学生家长最容易上当。

案例：市民王某的儿子在加拿大留学，某日王某接到孩子的 QQ 留言，称需要给其汇款 8 万元，并称自己手机坏了，暂时接不了电话。王某并未尝试拨打儿子的电话，便向该账户转款，结果被骗。

③代办信用卡诈骗。犯罪分子通过网络、短信、纸质广告的形式，发布代办信用卡、信用贷款等信息，以支付手续费、预付利息等名义实施诈骗。近年来，也出现了骗取受害人身份信息、银行卡预留手机号和验证码，通过第三方支付平台转移资金的手段。

④冒充淘宝退款诈骗。犯罪分子冒充淘宝商家或者客服人员，以系统维护、交易未成功，需给客户退款的名义，诱骗买家登录犯罪分子搭建的钓鱼网站，获取买家的银行卡信息，并骗取交易验证码，进而转走资金。

案例：中职学生张某接到自称淘宝客服工作人员的电话，称其购鞋时系统正在升级，出货未成功，需要给张某退款。张某按其提供的网址输入了银行卡信息，并未加甄别地将交易验证码提供给对方，后发现卡内 2 500 元被盗刷。

⑤网络兼职刷信誉度诈骗。犯罪分子以先消费、后返款并提成，进而帮助网络商户刷信誉好评度的名义，通过互联网进行招工，诱使受害人打款消费后，却不退款。

案例：某中职学校学生王某，上网时有一个 QQ 名为"工号06美美"的人加其为好友。对方称招收兼职，工作是在网上刷信誉，刷一单有5%的提成，一个任务是 3 600 元，并返还本金和提成，于是其打款做任务，后发现被骗。

⑥网络购物诈骗。犯罪分子通过互联网发布极具诱惑力的电脑、服装、宠物等物品的转让信息，一旦事主与其联系，就以缴纳定金的方式骗取钱财。

⑦中奖诈骗。犯罪分子通过向 QQ、MSN、邮箱、网络游戏、淘宝等用户发送中奖信息，诱骗网民访问其开设的虚假中奖网站，再以支付个人所得税、保证金等名义骗取网民钱财；现在犯罪分子还会冒充法院工作人员，以受害人扰乱抽奖秩序，对其进行传唤的手段威胁受害人，更具迷惑性。

⑧冒充熟人诈骗。犯罪分子拨打受害人电话以"猜猜我是谁"的方式冒充熟人，之后再以出车祸、嫖娼被抓等理由要求受害人汇款。目前，也出现了犯罪分子事先通过非法手段获取公民个人信息，之后有针对性地冒充领导诈骗。

案例：某日，一男子冒充某中职学校的学生张某的同学，称自己在张某学校附近旅游，第二天要来学校找他。次日上午，该男子以出车祸需要住院押金为由，让张某给其汇款 2 000 元，张某汇款后，却联系不上该男子，发现被骗。

⑨网络预订机票诈骗。犯罪分子搭建机票预订钓鱼网站，骗取受害人购买机票的钱款，同时以系统升级、出票未成功为由进一步骗取受害人钱财。

案例：市民张某在网上购买机票时，误登与真实网站十分相似的钓鱼网站，被骗 3 000 元。

⑩冒充银行诈骗。犯罪分子冒充银行工作人员，以提升信用卡额度、网银密码器升级等名义，诱使受害人登录虚假网站，输入银行账号、密码等信息。犯罪分子在后

台获取后，再骗取动态口令，迅速通过网银转账方式将受害人银行账户内资金转移。

⑪积分兑换现金诈骗。犯罪分子冒充通信运营商或银行以积分兑换现金为由，诱使受害人登录钓鱼网站，进而转走银行卡内资金。

案例：彭某收到一短信，显示是10086发送的，内容是其话费积分已达到兑换216.2元现金标准，待安装了短信提供的软件，并输入银行卡账号后，手机中毒，卡内资金被转走。

（3）预防电信诈骗的措施

①加强个人身份信息、银行卡信息、网购信息的保护，防止被窃取，防止犯罪分子依据已泄露的信息实施诈骗。

②公检法机关没有所谓的"安全账户"，一切要求将资金转移到"安全账户"的电话，均是诈骗电话。

③接到"退税补贴""信用卡办理""提升信用卡额度""淘宝退款"等可疑电话时，应及时向家人、朋友以及相关部门核实，说明情况，征求意见。

④凡是涉及转账汇款的QQ留言、信息和电话，必须联系本人核实真伪。

⑤电脑和手机应安装防护软件，不要点击不明链接、不要随意登录无密码WIFI，不要将银行卡的交易密码提供给任何人，防止被钓鱼网站或木马病毒转走资金；网购时要选择通用的购物网站和第三方支付平台。

4、网络诈骗

（1）网络诈骗的手段

①利用网络通讯"QQ"等即时文字、视频聊天工具，通过植入木马或者病毒实现盗取事主个人信息和视频片段，然后冒充事主向网络好友借钱的手段诈骗。近期冒充在国外留学人员QQ号码诈骗国内亲友的案件增多。

②利用博客、论坛、游戏、QQ、邮箱等网络空间发布虚假中奖消息，然后以交纳税金、手续费等借口诈骗。

③采取网络钓鱼手段，发布虚假购物、火车票、飞机票等网页。以低价引诱事主网上购买，然后利用虚假网络支付平台等手段划转事主网上银行账户资金进行诈骗。

④在交友网站上发布交友信息，通过网络、电话交往一段时间后，以自己开办企业缺钱、开店庆祝送花篮、发财树或知道香港、澳门彩票内幕等名义进行诈骗。

（2）预防网络诈骗的方法

①青少年树立自我保护、自我防范的安全意识。不炫耀、不露富、不谈论家庭情况，避免惹祸及造成不必要的伤害，不要轻信网络上的陌生人。

②勤于思考，不轻信他人。尽量避免在网络上通过QQ及微信和一切聊天工具与陌生人打交道，面对陌生人的请求需谨慎注意，对于在QQ或微信上涉及的钱财及物品要留心，做到不要相信陌生人，不给网络上的陌生人留有任何被骗机会。

③勤于学习，了解骗子的诈骗手段，避免上当受骗。网络诈骗手段居多，如代玩游戏、买卖游戏"装备"、代购游戏账号实施诈骗，或以虚假网上银行骗取账号、密码实施诈骗。因此，青少年在上网时要特别注意这些网络骗子的手段，特别是那些涉世未深的青少年更加需要多留个心眼，如需网上交易最好通过第三方认证方式或通过可信的网上交易平台保障交易安全。

学以致用

电信诈骗的种类有哪些？我们应如何预防？

_____

_____

_____

_____

_____

_____

_____

第五节 严防被抢劫

案例导入

案例 25岁的湖南打工仔黄某，模仿警匪片的情节，事先制定抢劫"攻略"，从威海赶到烟台开发区，寻找单身夜行女子为作案目标，蒙面持刀抢劫。黄某一夜之间作案两起，抢走上万元财物后离开烟台。

2015年 4月25日晚8：40左右，开发区长江路夹河苑附近一公交站点，一名女子在等车，其身上背着一个包，不时看着公交车开来的方向。

此时，一个头戴黑色鸭舌帽、脸上蒙白口罩的敦实男子走进站亭，逼近正在等车的女子，低声说道："把包交出来，不然一刀捅死你。"说着，男子真的从身后掏出一把刀。此时站点周边没有行人，孤身女子非常害怕，将随身的包、腕上的手表交给男子，男子拿到包和手表后迅速离开。事后得知，他在夹河附近的小树林里将包里500元现金、价值6 000多元的一条金项链塞进衣服里后，将包扔进了小树林。

——摘自《光明网》《男子一夜两次持刀抢劫单身女》.2015.07.06

案例思考

　　案例中孤身女子被抢劫，人身财产遭受损失，你认为应如何避免此类事件在自己身上发生？

_____

_____

_____

_____

_____

案例分析

　　从此案例中，犯罪分子实施抢劫多是寻找单身夜行女子为作案目标，有时也是年龄较小的未成年人，主要针对"单身、孤身"者；同时案例中被抢的女子遇到抢劫时显得非常害怕，这也给犯罪分子壮了胆。因此，作为未成年人的中职学生，当外出时，应特别注意预防被抢劫的事件发生。

安全预防

　　作为中职学生，应如何避免遭抢劫呢？

　　注意做到如下几点，就有可能避免成为抢劫攻击的目标。

　　①不外露或向人炫耀随身携带的贵重物品，单独外出不轻易带过多的现金。

　　②尽量避免在午休、深夜或人少的时候单独外出，最好结伴而行。

　　③不要独自在偏远、阴暗的林间小道、山路上行走，不到行人稀少、环境阴暗、偏僻的地方，避开无人之地。

　　④尽量避免深夜滞留在外不归或晚归。

　　⑤穿戴适宜，尽量使自己活动方便。

　　⑥单身时不要显露出过于胆怯害怕的神情。

　　⑦发现有人尾随或窥视，不要紧张，不要露出胆怯神态，可回头多盯对方几眼，或哼首歌曲，并改变原定路线，朝有人、有灯的地方走。

知识拓展

抢劫是一种用暴力抢夺他人财物的行为。拦路抢劫则是在路上对被抢劫者使用暴力或非暴力手段,夺取他人财物的行为。我国古时把这种行为称为"剪径"。

有些歹徒公然在光天化日之下拦路抢劫,甚至行凶抢劫,青年学生被抢劫、被杀害的情况也常有,这说明抢劫已对人民群众和广大青少年学生的生命与财产构成了严重威胁。

同学们遇到拦路抢劫时该怎么办?

要保持精神上的镇定和心理上的平静,克服畏惧、恐慌情绪,冷静分析自己所处的环境,对比双方的力量,针对不同的情况采取不同的对策。

①要镇定沉着,采取对策。

②大声疾呼,引人求助,或者向有人、有灯光或宿舍区奔跑。

③不能软弱,拱手交出自己的钱物。要与作案人巧妙周旋。当自己处于作案人的控制之下无法反抗时,可按作案人的需求交出部分财物,采用语言反抗法,理直气壮地对作案人进行说服教育,晓以利害,造成作案人心理上的恐慌。切不可一味求饶,要保持镇定,或与作案人说笑,采用幽默的方式表明自己已交出全部财物,并无反抗的意图,使作案人放松警惕,看准时机反抗或逃脱控制。

④要注意观察作案人。尽量准确地记下其特征,如身高、年龄、体态、发型、衣着、胡须、疤痕、语言、行为等特征。

⑤及时报案。作案人得逞后,有可能继续寻找下一个抢劫目标,更有甚者在附近的商店、餐厅挥霍。各高校一般都有较为严密的防范机制,如能及时报案,准确描述作案特征,有利于有关部门及时组织力量布控,抓获作案人。在校外被抢者,要及时到就近派出所报案。

学以致用

作为中职学生,应如何避免遭抢劫呢?

_____

_____

_____

_____

_____

_____

_____

_____

第八章

职业安全

实训安全

实习安全

求职安全

第一节 实训安全

案例导入

案例1 某区职教中心，一天在铣床上实训课即将结束时，指导教师要求学生停车清理工作现场，但同学刘某工作积极性高，想再赶一件工件。当用两把三面刃铣刀自动走刀铣一个铜件台阶时，本应用毛刷清除碎切屑，该同学心急求快，用戴着手套的手去拨抹切屑，手套连同手一起被绞了进去。虽然指导教师及时切断了电源，但该同学的中指已被切掉1厘米，造成了终生的残疾。

案例2 某技校刚购买一台行车，学生王某出于好奇，就擅自进行操作。由于不懂行车刹车的操作程序，结果连人带车一头撞到墙上，致使行车脱轨落地，学生受伤，设备、墙壁被撞坏。

案例3 某中职学校一位女生管某在车床上实训时，因为实习中途要外出开会而抱侥幸心理没有戴安全帽。在操作时，一根辫子不慎被车床丝杠绞了进去，她本人当即惊慌失措，出于本能，用手紧紧抓住辫子拼命叫喊，幸亏不远处的指导教师眼疾手快，及时拉下总电闸才未酿成大事。但由于丝杠旋转的惯性，该同学的头皮还是受了伤。

案例思考

①你认为案例1中导致刘某的中指被绞的原因是什么？读完这个故事，对你有什么启示？

_____

_____

_____

_____

_____

②你认为案例2中学生王某受伤，设备、墙壁被撞坏的原因是什么？怎样避免？

_____

_____

_____

_____

_____

③你认为案例3中学生管某受伤的原因是什么？上实训课时，在着装方面应注意哪些方面？

_____

_____

_____

_____

_____

_____

案例分析

案例1中，刘某未按照指导教师要求进行实习，并且在工作中违反了"严禁戴手套操作"和"严禁用手清除切屑"等安全操作规程，造成了不该发生的人身伤害事故。

案例2中，学生王某没有经过培训，擅自操作起重设备，造成人员受伤和设备受损。学生在实验室工作，不能不懂又不问，更不能凭一时好奇乱动。实验室工作人员见到学生乱动实验室设备时要上前劝阻，不听劝阻而发生事故的应给予处分。

案例3中，女生管某因存在侥幸心理，没有遵守安全操作规程戴好安全帽，在操作时一不小心让辫子靠近旋转的丝杠。本事件中值得庆幸的是指导教师及时发现并阻止了事件的恶化，否则该名女生将会遭受重伤。

安全预防

实训是中职学校学生学习过程中一个重要环节，也是必需的环节。由于它与生产实际紧密结合，所以也就与安全生产紧密相关，相对于理论教学环节来说，隐藏的安全问

题要多得多。同学们在实训过程中必须具有安全意识，需注意以下安全事项：

①学生必须准时到实训场地，接受实训指导教师的安全教育、操作规范讲解。

②学生在实训操作前必须认真预习实训指导书，明确实训目的、原理和步骤。

③实训前，应知道本次实训的注意事项，特别是安全保护。

④学生进入实训室必须自觉服从管理，听从指挥，严格遵守仪器设备的操作规范。对故意违规或严重违纪者，指导老师有权立即停止其实训活动。

⑤学生应严格按操作规程进行实训，若在实习实训过程中发现仪器设备有损坏、出现故障等异常情况，应立即切断电源、保护现场，并报告指导老师处理。因违反操作规程而造成仪器设备损坏者，需按照有关规定酌情赔偿，并作违规处理。

⑥实训完毕，必须按原样整理好仪器设备及配件，将个人物品和废纸杂物带离实训室。

知识拓展

实训室用电安全

①不用潮湿的手接触电器。

②电源裸露部分应有绝缘装置（例如电线接头处应裹上绝缘胶布）。

③所有电器的金属外壳都应保护接地。

④实验时，应先连接好电路后才接通电源。实验结束时，要切断电源。

⑤修理或安装电器时，应先切断电源。

⑥不能用试电笔去试高压电。使用高压电源应有专门的防护措施。

⑦如有人触电，应迅速切断电源，然后进行抢救。

⑧在需要带电操作的低电压电路实验时，用单手比双手操作安全。

⑨实验室内的明、暗插座距地面的高度一般不低于 0.3 米。

⑩在潮湿或高温或有导电灰尘的场所，应该用超低电压供电。工作地点相对湿度大于 75% 时，属于危险、易触电环境。

⑪电工应该穿绝缘鞋工作。

学以致用

①某校数控技术应用专业学生邢某在上课工实训课时，逃过老师的监管，用老师发的实训材料和实训工具偷偷加工了一把匕首，并私自带回宿舍，不久，被老师查获。邢某自制的匕首幸未伤人。你认为邢某在本次事件中有哪些违纪违规甚至违法行为？

_____

_____

②某中职学校物流专业学生小军在进行叉车搬运实训时，小刚和小兵本应在场边轮候观摩，但小刚和小兵却嬉戏疯打，冲进叉车训练场，突遇叉车。小军在情急之下本欲刹车，但慌乱中操作成加速，撞上了小刚。你认为怎样才能避免本次事故？

第二节 实习安全

案例1 王某系某中职学校安装专业的学生。2009年12月1日，他被学校统一安排进入某科技企业顶岗实习。2009年12月30日下午3时许，王某在该科技企业领导的安排下，给其公司新厂房门刷漆。因厂房门比较高，王某站在三脚架上刷门。其他工友在推动三脚架从一侧向另一侧时不料三脚架倾倒，导致站在三脚架上的王某从2米多高的三脚架上坠落受伤。王某受伤后，共住院治疗23天，产生医疗费、误工费、护理费、伙食费、营养费、交通费等合计43 305元。

案例2 2013年5月15日，某中等职业学校学生马某跟随实习单位在塔里木油田英买二井作业区承修YM2-11井。因灌液需要，班长安排泥浆工和副钻连接一号泥浆罐罐浆泵灌液管线时，灌液管线挂到了防爆插头上，泥浆工将防爆插头拧开放在地上。实习学生马某看到插头脱落后，去接防爆插头时发生触电，抢救无效死亡。

案例3 某中职学校学习机械加工的廖某和李某是同班同学，在校也是好朋友，2012年同时被安排到某汽车有限公司，在同一车间同一小组甚至同班操作车床。因廖某喜欢打游戏，一下班就打游戏，休息不好，上班多次迟到，且总是无精打采，加工出来的产品少、次品多，所以实习几个月下来，廖某总是每个月几百元工资，而李某每月都有三四千元。不仅如此，企业还准备解聘廖某。于是廖某心理失衡，一天上班的过程中，李某关掉机床去上厕所，廖某偷偷把李某操作的机床上的一颗螺钉拧松。李某返回后，打开机床，"砰"的一声闷响，拧松的那颗螺钉打在厂房的墙壁上，幸未造成人员伤亡。

①你认为案例1中导致王某受伤的原因是什么？王某在实习过程中怎样才能避免这种伤害？

_____

_____

_____

_____

②你认为案例2中学生马某怎样才能避免触电身亡的后果?

_____

_____

_____

_____

③你认为案例3中学生廖某存在哪些方面的问题?

_____

_____

_____

_____

_____

案例分析

案例1中王某看似没有错,但最终还是出了安全事故。那么,在实习过程中,我们要有意识预判这项工作的安全性。如高空作业,是否系安全带、戴安全帽,高空作业的安全防护设备设施是否到位,确保万无一失。

案例2中学生马某明显没有安全用电常识。对于电压超过安全电压36伏的,应该先断电再操作。如果确需带电操作,也必须在人体与用电设备绝缘的情况下操作。

案例3中的廖某因自己与同学产生了较大的差距,不从自身找原因,而是无故忌恨同学,不能预判自己行为产生的后果。如果在本次事件中,螺钉击中人体,造成了伤害,则廖某有可能获刑。

安全预防

安全生产是企业与员工健康发展的永恒主题，是关系员工生命、家庭幸福，关系公司生产与效益、发展与稳定的大事。当前工学结合背景下，保障学生生命安全和企业财产安全，是顶岗实习工作最根本的实践。顶岗实习生应立足本职岗位，加强安全知识学习，从自身做起，自觉遵守实习单位劳动纪律和各项安全操作规程，牢固树立"安全第一"的意识，努力为实习单位营造安全生产的良好工作氛围，保障顶岗实习顺利进行，积极促进公司各项生产工作的顺利开展。

①"安全生产，人人有责。"所有职工必须认真贯彻执行"安全第一，预防为主"的方针，严格遵守安全技术操作规程和各项安全生产规章制度。

②对不符合安全要求的厂房、生产线、设备、设施等，职工有权向上级报告。遇有直接危及生命安全的情况，职工有权停止操作，并及时报告领导处理。

③操作人员未经三级安全教育或考试不合格者，不准参加生产或独立操作。电气、起重、车辆的驾驶、锅炉、压力容器、焊接(割)、爆破等特种作业人员，应经专门的安全作业培训和考试合格，持特种作业许可证操作。

④进入作业场所，必须按规定穿戴好防护用品。要把发辫放入帽内；操作旋转机床时，严禁戴手套或敞开衣袖(襟)；不准穿脚趾及脚跟外露凉鞋、拖挂；不准赤脚赤膊；不准系领带或围巾；尘毒作业人员在现场工作时，必须戴好防护口罩或面具；在可能引起爆炸的场所，不准穿能集聚静电的服装。

知识拓展

财务实训安全

为加强公司财务安全管理工作，提升员工财务安全意识，特制定以下财务安全制度：

①下班前，财务部收到的所有大金额现金必须存入银行，严禁现金存放过夜；如需备用金的，备用现金不得超过 2 000 元。

②下班前需将支票、库存现金、发票、财务印章等财务用品锁入保险柜，如有遗失，相关人员将按比例承担经济损失。

③下班时门窗需关闭，抽屉须上锁，电器开关须切断，谨防失窃及消防事故的发生。

④财务用支票，印鉴章须分人保管、配合使用。

⑤在将现金送往银行或取款的过程中，须有两人同行；现金要用包存放好，严禁使用报纸、塑料袋随意包裹，否则造成的经济损失由相关人员按比例赔偿。

⑥财务档案保管人员须保管好账册、凭证、报表、合同、票据等财务资料，避免被盗、损坏或丢失。

⑦支票、汇票的收据应严格审查把关、需检查日期是否过期、大小写是否一致，印章是否清晰。

⑧收讫现金时要严防假币，大面额现金需经验钞机清点。
⑨银行汇票的收讫、抵押须到对口银行进行验证，以防伪造。
⑩做好其他未提及财务安全管理工作。

学以致用

①某卫生学校实习生小燕在实习过程中，刚把止血带扎在婴儿手腕上，突然有人叫她去办公室开会。此时，她该怎么办？

②某中职学校物业管理专业学生张某在某小区实习，实习岗位是保安。一天在夜巡时，巡逻到十二楼时发现两个人正在用工具撬门，张某上前询问，一人说他忘了带钥匙，请了个开锁的来开门。此时，张某应该怎么办？

!!! 安全提醒

①参加操作实习或观摩实习的学生，必须严格作息制度，遵守实习纪律，接受实习承接单位的安全教育；遵守实习承接单位的劳动、安全规章。

上课：（无论是课堂、厂区、车间、油田、石油化工、矿山现场及试验室）严禁嬉戏打闹，不得从事任何与实习无关的活动；在厂区、车间、油田、石油化工、矿山现场及试验室，不准跑跳；行走也要注意安全。

课余及休息时间：不得进入歌厅、游戏厅、网吧等场所；不得与社会人员交往，更不得带社会人员进入实习场所或住地；不得游泳；不得爬危险的山；不得到不安全的地方。逛街购物时，至少两人以上同行，天黑之前必须回住地，不得擅自离队在住地以外留宿。

②学生进入厂区、车间、油田、石油化工、矿山现场及试验室，必须穿戴符合规定的衣、裤、鞋、帽（女生必须戴工作帽）。夏天，不准穿短裤、裙子、裙裤、拖鞋、凉鞋等；冬天，不准穿大衣，不准围围巾，衣裤必须紧口贴身。操作金属切削机床和设备，一律不准戴手套。

③操作或参观需要攀爬登高时，先必须检查梯子和站人的地点是否牢固，并遵守攀爬登高的穿戴着装（衣、裤、鞋、安全帽、安全带等）的规定。

④在厂区、车间、油田、石油化工、矿山现场及试验室内，凡是自己不懂的或不属于自己操作的设备、阀门、开关、手柄、按钮等，不得操作或触摸；不该接近的设备不得靠近；不该进入的区域不得进入。

⑤进入实习现场，学生禁止吸烟；禁止使用明火；禁止携带打火机等火源。

第三节　求职安全

案例导入

案例 1　学习物业管理专业小陈临近毕业，在逛街时，无意中他看到一则路边的招工广告："保安主管，包吃包住，月薪 5 000 元。"小陈看后觉得此工种与自己所学的专业相关，待遇不错，大为心动，立即与对方电话联系。对方表示，需要先缴 2 000 元押金和置装费 500 元。

为尽快拿下高薪工作，小陈连忙通过银行汇了钱。随后，对方又表示，还得缴半个月的工资 2 500 元作为中介费，小陈咬了咬牙，依然付了钱。随后，对方让他前往某制衣公司面试。可是，当小陈风尘仆仆地赶到该公司，却被告知根本没有相关招聘。这时，小陈才知道自己被骗了，可惜悔之晚矣。

案例 2 3 月初，中职学生小王在网上看到一则"招刷客"招聘信息，便主动与所留 QQ 号码联系。对方表示，只要按照公司要求，前往指定的网店多次购买充值卡帮店家刷交易量，对方不仅返还交易的金额，还能每笔给他几元钱的提成。

随后，小王立即登录对方指定的网站，通过网银购买了一张面值 100 元的游戏点卡，对方当即给其银行账号汇入人民币 108 元。因为第一次挣到了钱，小王放心了。为赚提成，他先后通过网银分 7 次共花 8 600 元购买了多张游戏点卡并确认收货。但这一次，对方却未再返现。

案例思考

①你认为案例 1 中小陈被骗的原因是什么？怎样正确处理小广告招工？

_____

_____

_____

_____

②你认为案例 2 中小王被骗的原因是什么？怎样在网上找到适合自己的工作？

_____

_____

_____

_____

案例分析

案例 1 中的小广告中的骗局较为常见，不法分子在街边、论坛、QQ 群等处发布虚

假招聘信息，以高薪、在家工作、可兼职等为诱饵，继而要求交招聘费、押金、保险费等，骗取求职者的钱财。此类诈骗手法虽然低劣，却依然有不少人上当受骗，只因贪心作祟，被高薪蒙蔽了眼。因此，找工作应到正规人才市场，选择有工商营业执照的正规劳务中介，千万不要听信街头、网络上的"高薪诚聘"小广告，以免上当受骗。

案例2中的网络招工诈骗也较为常见。在众多求职渠道中，网络求职无疑是最省时省力的方式之一。但是，网友在享受网络求职便利的同时，不能忽视其带来的安全隐患。不论是找工作还是做兼职，凡是需要求职者先付钱的工作，基本上都不可信。同时，大学生找兼职应去合法网站，寻找合法的工作，切勿有"赚快钱"的想法，这才是避免损失的根本办法。

安全预防

①在企业中，比较常见的违规手法主要有招聘环节中的收取报名费；在录用后，收取实物或现金的方式作押金，或叫作风险抵押金。这些是违规的，我国劳动法规定在这个过程中不能收取任何费用；企业的违规手段通常还包括录用后不签书面的劳动合同、企业不给上相关的保险等。

②要防止招工被骗应做到三不：不交钱，不押证，不当场签字。

1. 要防止求职过程中被骗，一定记住以下两条

第一，要审视自己的实际能力，是否有资格拿到企业所承诺的薪金。如果招聘方给出的薪金比常规高，就一定要注意了。骗子一般会拿出比常规高的薪水和优厚的待遇来引诱应聘者。

第二，签订合同时，不要向招聘方交纳任何所谓押金、制约金、抵押金等对方所罗列出的钱款。不管对方怎样说，这样做是不合法的。一定记住，任何正规公司是决不会向你要一分钱的。要明白，应聘者是去挣钱的，而不是去交钱的。

2. 劳动合同与劳务合同的不同

劳动合同与劳务合同是两种性质不同的合同。

第一个区别，首先从性质上看，劳动合同是受到劳动法保护；而劳务合同实际上是一种买卖合同，它是受到合同法和民法通则的保护。

第二个区别，劳动合同遵循按劳分配的原则，而劳务合同则体现等价交换。

第三个区别，劳动合同的内容是由法定条款和约定条款这两部分，法定条款中就有要为员工缴纳相关保险的规定，而劳务合同则不存在上保险的问题。

第四个区别，劳动合同如果出现一些违法的情况，劳动部门是有权力监管的，比

知识拓展

如劳动局的执法大队。而劳务合同，如果发生纠纷的话，就直接到法院去起诉。劳动合同纠纷需要劳动仲裁，如果通过这个劳动仲裁之后对结果不服，可再到法院去起诉。

第五个区别，劳动合同如果发生一些违法的情况，可能涉及三方面的责任：行政责任、赔偿责任、刑事责任。限制人身自由，例如进了工厂以后不让你出去，有可能会触犯刑事责任，而劳务合同一般只发生民事责任，就是劳务费的支付问题。

学以致用

①高某是某学校计算机专业的学生，喜欢打游戏，打网游打得很出色。临近毕业，他看到网上有一条招打网游人才的广告，通过电话和 QQ 联系，对方认为他具备条件，高某也认为待遇不错，工作也自由，关键是这工作对应了他的兴趣，双方都满意了。最后一关就是，对方要求他先买 5 000 元的游戏装备，试看高某对本游戏装备的应用水平。高某现在应该怎么办？

_____

_____

_____

_____

_____

_____

_____

②2013 年 5 月 6 日，某中职学校学生饶某来到市人才市场找工作，投完简历不久，她就接到了自称某公司"刘经理"的电话，称其符合公司要求，要与其面谈，并称派公司"经理助理"去接她。约定地点后，饶某在双方约定的某商场门口见到了自称该公司"经理助理"孙某。随后"刘经理"再次拨打饶某电话询问"经理助理"是否在旁边，称因还有几个人要应聘，能否把电话递给"经理助理"接听。饶某某本次应聘能成功吗？

_____

_____

_____

安全提醒

临近毕业的学生，应能辨别以下的招工骗局：

①"皮包公司"合伙诈骗。一些劳务中介所为了获取应聘者的信任，与骗子公司或皮包公司合伙进行诈骗。专家提醒，求职时必须提高警惕，不要轻信花言巧语。不要将本人的身份证、暂住证等有关证件随意交给招工者，防止被骗子所控制。

②收取服务费后借口敷衍。一些中介部门招聘启事诱人，但是在收取服务费后推诿敷衍，应聘者往往求职心切，且被骗钱财金额不大，也就自认倒霉了。专家提醒，对于先让交报名费、培训费的招工条件，要提高警惕。

③临时租用办公场所办公。一些不法分子打着虚假单位的旗号，以丰厚待遇条件为诱饵，骗得多人上当交纳一定的报名费后携款逃之夭夭。专家提醒求职者，应到正规的人才市场选择有工商营业执照的正规劳务中介单位。

④网络设好陷阱要求转账。一些网络骗子编织各种美丽的招聘陷阱，诱骗求职者把钱存入指定的账户以达到诈骗目的。专家提醒，不要被那些诱人的待遇和薪水所迷惑，更不要贸然向招工者所提供的银行账号汇钱。

⑤吹嘘有关系，要求钱财疏通。诈骗分子吹嘘自己门路广、关系多，可以通过"关系"帮事主找到"好"工作，但为了疏通关系需要花钱。当事主交钱后，骗子要么逃之夭夭，要么工作遥遥无期。

⑥群发招工信息骗取费用。骗子抓住求职者急于找工作的心理，通过手机群发招工信息的形式，等待受骗者上钩。如果求职者打电话去咨询，往往被要求交报名费、押金等。专家提醒，正规的单位发布招聘信息一般不会以手机短信的形式。

⑦面试要求收取押金。不法分子假装要对应聘者进行"面试"，后又说不用面试了，已通过监控录像进行暗中"面试"，过几天就可以上班，但是要事主先交纳押金和体检费。专家提醒，对于声称通过所谓"监控面试"的要格外提高警惕。

⑧通过"男女公关"连环行骗。诈骗团伙成员通常会描绘一通日赚斗金的"美好前景"，等对方心动了，这伙人就会要求应聘者先交百元到千元不等的"报名费"。专家提醒，天上不会无缘无故掉下馅饼。务工人员在遇到有高报酬、优厚条件的工作时要保持清醒的头脑，以防被骗。

第九章

应对自然灾害

"自然灾害"是自然界中所发生的异常现象，自然灾害对人类社会所造成的危害往往是触目惊心的。它们之中既有地震、火山爆发、泥石流、海啸、台风、洪水等突发性灾害，也有地面沉降、土地沙漠化、干旱、海岸线变化等在较长时间中才能逐渐显现的渐变性灾害，还有臭氧层变化、水体污染、水土流失、酸雨等人类活动导致的环境灾害。这些自然灾害和环境破坏之间又有着复杂的相互联系。人类要从科学的意义上认识这些灾害的发生、发展以及尽可能减小它们所造成的危害，已是国际社会的一个共同主题。为此，我们应做好对自然灾害的预测与自我救助的工作。

第一节　洪涝灾害的防范措施

案例导入

案例1　2014年7月7日凌晨，鹤庆县公安局龙开口派出所民警李学锋在暴雨中疏散群众时不幸被卷入洪流。在抗洪救灾中，李学锋等人发现这一段路由于有大量的洪水从左面的山上顺着路面冲下来，不仅积水越来越深，而且水势很猛。李学锋决定从右边的高地淌过去，不料走了几步觉得脚一阵麻，他迅速反应过来是路灯电杆漏电，便迅速撤回原地。左面是汹涌的水流，右边是电杆漏电，对面有群众焦急的等待，来不及做更多思考的李学锋迅速决定从路中间的深水区过去。就在他挪到中间水域时，汹涌的洪水已经漫到了他大腿附近，这时，一股洪流卷过来，他被卷入了水中。李学锋被水卷进去之后，他让自己保持镇定，被迫呛了一口泥水之后，终于发现路边一座小屋子，当时水已经漫到防盗窗附近，他便死死拉住了防盗窗，得以自救。

案例2　2008年6月，龙门县受到50年一遇的洪涝灾害，受灾人口40 250人，受浸房屋2 683间，倒塌房屋121间，初步统计总损失近5 000万元。

案例思考

①案例1中的李学锋是怎样营救洪涝灾害中民众的？当他落水后，又采取了什么方

法进行自救?

_____

_____

_____

_____

_____

②在洪涝灾害中遇到凶险时,应采取什么样的措施?

_____

_____

_____

_____

_____

案例分析

在受到洪水威胁时,如果时间充裕,应按照预定路线,有组织地向山坡、高地等处转移;在措手不及,已经受到洪水包围的情况下,要尽可能利用船只、木排、门板、木床等,做水上转移。案例中的李学锋在关键时刻急中生智,紧紧抓住防盗窗得以自救。

安全预防

若遇洪涝灾害,应做好以下预防措施:

①及时收听气象预报,收看洪水信息。掌握汛情很重要。

②准备好手电筒、收音机、手机、足够的饮用水、食物及常用药品,搜集木盘、木材、大件泡沫塑料等适合漂浮的材料,在急需时加工成救生装置。

③下大暴雨时,不要在河道及沟谷、洼地中行走或停留,不要在路边缘或打着漩涡的路上行走,不要沿山洪暴发的行洪道方向跑。

④洪水袭来时,来不及转移的人员要就近迅速向山坡、高地、楼房等地转移,或爬上屋顶、大树、高墙暂避,并向当地政府报告。

⑤如洪水将要上涨到暂避地方，要利用准备好的器材或迅速找一些能漂浮的材料扎成筏逃生，离开房屋前，尽量带上一些食品和衣物。

洪涝灾害是怎样形成的呢？

1. 洪涝灾害成因

洪涝的原因，可分为深、浅两个原因。浅者，豆腐渣式的防洪措施；深者，环境恶化。造成洪涝灾害的直接原因固然是气候的异常所形成的长时间持续暴雨，但人为因素也是主要原因。由于人口膨胀，向森林、湖河争地，过度采伐森林，破坏植被，填湖，侵占河道等人类掠夺性活动，造成生态系统的破坏，增加了洪涝的发生概率。

2. 洪涝灾害的危害

在各种自然灾害中，洪涝是最常见且危害最大的一种。洪水出现频率高，波及范围广，来势凶猛，破坏性极大。洪水不但淹没房屋和人口，造成大量人员伤亡，而且还卷走人产居留地的一切物品，包括粮食，并淹没农田，毁坏作物，导致粮食大幅度减产，从而造成饥荒。洪水还会破坏工厂厂房、通信与交通设施，从而造成对国民经济部门的破坏。

我国自古就是洪涝灾害严重的国家。据不完全统计，在从公元前206年到1949年的2 155年间，共发生较大水灾1 092次，死亡万人以上水灾每5～6年即出现一次，这种局面到现代尚无根本改变。洪涝灾害不但直接引起人员伤亡和财产损失，还造成一系列其他灾害，如滑坡、泥石流、疫病等。

3. 洪涝灾害的防范措施

一旦发生洪涝，防治工作包括两个方面：一方面要减少洪涝灾害发生的可能性，另一方面要尽可能使已发生的洪涝灾害的损失降到最低。加强堤防建设、河道整治以及水库工程建设是避免洪涝灾害的直接措施，长期持久地推行水土保持可以从根本上减少发生洪涝的机会。切实做好洪水、天气的科学预报与滞洪区的合理规划可以减轻涝灾害的损失。建立防汛抢险的应急体系，是减轻灾害损失的最后措施。

在河流中上游地区恢复植被，起到保持水土、调峰的作用，削减洪峰。

在河流中下游疏浚河道，修筑堤坝、水库等水利设施，在城市低洼处完善排涝设施。

加强天气的监测，对强降雨天气提前预报，建立预警机制。

4. 洪涝灾害的自救办法

重庆位于我国南方，又位于长江边上，特别是在暴雨时节，严重的水灾时常会发生。一个地区短期内连降暴雨，河水会猛烈上涨，漫过堤坝，淹没农田、村庄，冲毁道路、桥梁、房屋。

当洪灾来临时，万一被卷入洪水中，要保持镇定。那么，我们应该如何自救呢？

①尽可能抓住固定的或能漂浮的木板、箱子、衣柜等东西，如果离岸较远，周围又没有其他人或船舶，就不要盲目游动，以免体力消耗殆尽。

②利用灯火、镜子反射、书信、手机等通信设备发出求救信号，等待救援。

③掌握有关溺水的急救知识很有必要，因为在洪水现场及时进行急救对保住患者的生命是非常重要的。不会游泳者的自救方法如下：

a. 落水后不要心慌意乱，一定要保持头脑清醒。

b. 冷静地采取头顶向后，口向上方，将口鼻露出水面，此时就能进行呼吸。

c. 呼气要浅，吸气宜深，尽可能使身体浮于水面，以等待他人抢救。

d. 切记：千万不能将手上举或拼命挣扎，因为这样反而容易使人下沉。

④会游泳者溺水的自救方法：

a. 一般是因小腿腓肠肌痉挛而致溺水，应心平气静，及时呼人援救。

b. 自己将身体抱成一团，浮上水面。

c. 深吸一口气，把脸浸入水中，将痉挛（抽筋）下肢的拇指用力向前上方拉，使拇指翘起来，持续用力，直到剧痛消失，抽筋自然也就停止。

d. 一次发作之后，同一部位可以再次抽筋，所以对疼痛处要充分按摩和慢慢向岸上游去，上岸后最好再按摩和热敷患处。

e. 如果手腕肌肉抽筋，自己可将手指上下屈伸，并采取仰面位，以两足游泳。

⑤洪水过后，要服用预防流行病的药物，做好卫生防疫工作，避免发生传染病。

学以致用

①自然灾害是不可预测的，洪水是无情的，如果有一天，水灾来到我们身边，我们该如何防范与自救呢？以4人为小组展开讨论：面对水灾，我们该怎样保护自己？

_____

_____

_____

_____

_____

②人类应该怎样预防洪涝灾害？

_____

_____

_____

_____

_____

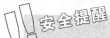

安全提醒

洪水突来如何应对——冷静观察迅速转移

①冷静观察水势和地势，然后迅速向附近的高地、楼房转移。

②就近无高的楼房可避时，可抓住有浮力的物品如木盆、木椅等。必要时爬上高树也可暂避。

③切记不要爬到土坯房的屋顶，这些房屋浸水后容易倒塌。

第二节　泥石流、山体滑坡的防范措施

案例导入

案例1　2010年8月7日夜22点左右，甘肃舟曲县发生特大山洪泥石流灾害。灾难发生后，温总理亲临救灾第一线，党政人民心连心，救援队伍奋勇作战，"一方有难，八方支援"，全国人民在救灾中表现出了万众一心、众志成城的强大凝聚力。据新华社兰州8月8日电，此次泥石流造成1294人失踪，127人遇难，1242名被困群众被成功救出。国务院决定，8月15日举行全国哀悼活动。

案例2　2015年8月5日上午，一挖掘机师傅小彭在松阳县枫坪乡近水岭头作业时，突遇山体滑坡，一大道口子的石块、泥土冲向他所在的驾驶室，挖掘机被砸严重变形，小彭瞬间被压在驾驶室。好在走亲戚路过的周女士拨打了报警电话。由于事发地区处偏远，道路狭窄，消防车无法驶入，消防官兵只能扛上救援器材跑步前进。经过半小时营救，小彭被成功救出送医。小彭奇迹般地只受了点外伤，并无大碍。

案例思考

从泥石流、山体滑坡等自然灾害中，想想我在保护环境中能做到什么？我能为身边的人做什么？我能为自己做什么？

案例分析

造成泥石流、山体滑坡的原因有很多种，直接原因有可能是发生灾害地段地质结构差，也有可能为连续多日降雨，大量积水灌入坡土层和岩石层，导致岩石层中泥土发生膨胀，使外层岩石移位，从而导致自然灾害。间接原因有可能是人类建设、施工影响。现在人类常开山辟地搞开发，不但破坏生态环境，造成水土流失，也容易引发泥石流、山体滑坡等自然灾害。

当灾害发生后，党和国家高度重视，人们相互帮助，共同面对灾害，克服困难，共渡难关，展现了"一方有难，八方支援"的民族精神。

安全预防

1. 泥石流预防措施

①若遇泥石流，应尽快向沟谷两侧山坡或高地跑，来不及奔跑时要就地抱住河岸上的树木。

②不要沿着沟向上或向下跑，逃生时要抛弃重物。

③不要停留在低洼处，也不要在有滚石和大量堆积物的山坡下面躲避。

④在河谷内活动时，特别警惕远处传来的土石崩落、洪水咆哮等异常声响，这很可能是即将发生泥石流的征兆。要迅速转移到安全高地，不要在低洼处逗留。

2. 山体滑坡预防措施

①居住在地区灾害隐患点周边的群众，在暴雨天要及时观察周围山体是否发生松动，检查房屋是否存在裂缝，主动转移避难。

②发生山体滑坡时，要尽快向滑坡方向的两侧逃离，并在周围寻找安全地带。

③当无法继续逃离时，要迅速抱住身边的树木等固定物体。

④遇到山体崩塌时，可躲避在结实的障碍物下，可利用身边的衣物裹住头部，不要

顺着滚石方向往山下跑。

⑤不要再闯入已经发生滑坡的地区找寻损失的财物。

1. 泥石流

泥石流是一种土、石、水相混合的流动体。该流动体的土石固体碎屑物含量为15%～80%，它不同于一般的山洪，其流速流量、冲刷撞击能力都远大于山洪，所以常给人民的生命财产及工农业生产造成巨大危害。

（1）泥石流的类型

①泥石流按其发生地貌部位可划分为河谷型泥石流、沟谷型泥石流和坡面型泥石流。

②按流体性质可分为：黏性泥石流、稀性泥石和过渡性泥石流。

③按规模可分为：大规模（物质冲出量为＞10万立方米）、中等规模（物质冲出量为3～10万立方米）和小规模泥石流（物质冲出量为＜3万立方米）。

（2）泥石流的形成

泥石流是泥、沙、石块与水体组合在一起并沿一定的沟床运（流）动的流动体，那么其形成就要具备三项条件，即水体、固体碎屑物及一定的斜坡地形和沟谷，三者缺一不可。水体主要源自暴雨、水库溃决、冰雪融化等。固体碎屑物来自于山体崩塌、滑坡、岩石表层剥落、水土流失、古老泥石流的堆积物及由人类经济活动（如滥伐山林、开矿筑路等）形成的碎屑物。其地形条件则是自然界经长期地质构造运动形成的高差大、坡度陡的坡谷地形。

当具备了泥石流发生的三项条件，泥石流又是如何形成的呢？一般有3种形式：

①地表水在沟谷的中上段浸润冲蚀沟床物质，随冲蚀强度加大，沟内某些薄弱段块石等固体物松动、失稳，被猛烈掀揭、铲刮，并与水流搅拌而形成泥石流。

②山坡坡面土层在暴雨的浸润击打下，土体失稳，沿斜坡下滑并与水体混合，侵蚀下切而形成悬挂于陡坡上的坡面泥石流。北京山区农民常称之为"水鼓""龙扒掌"。

③沟源崩、滑坡土体触发沟床物质活动形成泥石流。

（3）泥石流防范措施

泥石流暴发突然猛烈，持续时间不长，通常在几分钟至一两个小时结束。由于泥石流较难准确预报，易造成较大伤亡。怎样判断泥石流的发生？遭遇泥石流又如何避险、逃生呢？我们要遵循泥石流的形成、活动规律，掌握其发生过程中的特有现象，采取正确的应急措施。

每年7—8月是泥石流易发时段，注意采取泥石流应急避防措施。首先要避开泥石流危险地，尽快在泥石流到来之前采取防范行动。在泥石流发育地区进行必要的搬迁、防护措施后，对一些尚受泥石流严重威胁的工矿、村镇提前做好应急部署。主要包括：

①普及泥石流知识。汛期有组织地演习，有纪律地疏散撤离。

②预防为主。泥石发生在夏汛暴雨期间，而该季节又是人们选择去山区峡谷游玩时间。因此，人们出行时一定要事先收听当地天气预报，不要在大雨天或在连续阴雨的情况下进入山区沟谷旅游。

③选择附近安全的地带修建临时避险棚。如较高的基岩台地、低缓山梁上等。切忌建在沟床岸边、较低的阶地、台地及坡脚、河道拐弯的凹岸或凸岸的下游端边缘。

④长时间降雨或暴雨渐小后或刚停，不应马上返回危险区。泥石流常滞后于大雨发生。例如，1991年6月10日北京密云县降雨一天，晚八时许雨停，口门村外出躲避山洪的部分村民回家，结果遭泥石流袭击，造成5人死亡。另外，具有阵流的黏性泥石流，其阵流间隙有时会被误认为泥石流结束。总之，只有当确认泥石流不会发生或泥石流已全部结束时才能解除警报。

⑤不可存在侥幸心理。当白天降雨量较多后，晚上或夜间必须密切注意降雨，最好提前转移，不能存在侥幸心理在室内就寝。

⑥密切注视泥石流的发生发展，减少、避免次生灾害发生。当出现泥石流体堵塞河流，形成堵坝时，应尽快采取毁"坝"措施，使上游水体尽快下泻，避免次生洪水灾害，同时通知上、下游受害的地区，做好防灾避险。当公路、铁路、桥梁被冲毁后应及时采取阻止车辆通行的行动，以免车辆被颠覆，造成人员伤亡。

⑦采取正确的逃逸方法。泥石流不同于滑坡、山崩和地震，它是流动的，冲击和搬运能力很大，所以，当处于泥石流区时，不能沿沟向下或向上跑，而应向两侧山坡上跑，离开沟道、河谷地带。注意不要在土质松软、土体不稳定的斜坡停留，以免斜坡失稳下滑，应在基底稳固又较为平缓的地方。另外，不应上树躲避，因泥石流不同于一般洪水，其流动中可沿途切除一切障碍，所以上树逃生不可取。应避开河（沟）道弯曲的凹岸或地方狭小高度又低的凸岸，因泥石流有很强的淘刷能力及直进性，这些地方很危险。

2.山体滑坡

（1）山体滑坡发生前的异常现象

不同类型、不同性质、不同特点的滑坡，在滑动之前，均会表现出各种不同的异常现象，显示出滑动的预兆（前兆）。

归纳起来有以下常见几种：

①大滑动之前，在滑坡前缘坡脚处，有堵塞多年的泉水复活现象，或者出现泉水（水井）突然干枯、井（钻孔）水位突变等类似的异常现象。

②在滑坡体中、前部出现横向及纵向放射状裂缝。它反映了滑坡体向前推挤并受到阻碍，已进入临滑状态。

③大滑动之前，在滑坡体前缘坡脚处，土体出现上隆（凸起）现象。这是滑坡向前推挤的明显迹象。

④大滑动之前，有岩石开裂或被剪切挤压的音响。这种迹象反映了岩层深部变形与破裂。动物对此十分敏感，有异常反应。

⑤临滑之前，滑坡体四周岩体（上体）会出现小型坍塌和松弛现象。

如果对滑坡体有长期位移观测资料，那么大动之前，无论是水平位移量还是垂直位移量，均会出现加速变化的趋势。这是明显的临滑迹象。

滑坡后缘的裂缝急剧扩展，并从裂缝中冒出热气（或冷风）。

⑥动物惊恐异常，植物变态。如猪、狗、牛惊恐不宁，不入睡。老鼠乱窜不进洞。树木枯萎或歪斜等。

（2）滑坡灾害正在发生时应采取的措施

当遇到滑坡正在发生时，首先应镇静，不可惊慌失措。为了自救或救助他人，应该做到以下几点：

①冷静。当处在滑坡体上时，首先应保持冷静，不能慌乱；慌乱不仅浪费时间，而且极可能作出错误的决定。

②要迅速环顾四周，向较为安全的地段撤离。一般除高速滑坡外，只要行动迅速，都有可能逃离危险区段。跑离时，以向两侧跑为最佳方向。在向下滑动的山坡中，向上或向下跑均是很危险的。当遇到无法跑离的高速滑坡时，更不能慌乱，在一定条件下，如滑坡呈整体滑动时，原地不动或抱住大树等物不失为一种有效的自救措施。在确保安全的情况下，离原居住处越近越好，交通、水、电越方便越好。同时要听从统一安排，不要自择路线。当无法继续逃离时，应迅速抱住身边的树木等固定物体。可躲避在结实的障碍物下，或蹲在地坎、地沟里。应注意保护好头部，可利用身边的衣物裹住头部。

③对于尚未滑动的滑坡危险区，一旦发现可疑的滑坡活动时，应立即报告邻近的村、乡、县等有关政府或单位，以便有关政府、单位、部队、专家及当地群众参加抢险救灾活动。

④滑坡时，极易造成人员受伤，当受伤时应呼救"120"。呼救时应说明灾害事件发生的时间、地点以及事件的性质，伤情、伤亡人数，急需哪方面的救援以及呼救人的姓名、单位、所用呼救电话号码。遭遇山体滑坡时，首先要沉着冷静，不要慌乱，然后采取必要措施迅速撤离到安全地点。避灾场地应选择在易滑坡两侧边界外围。

⑤滑坡停止后，不应立刻回家检查情况。因为滑坡会连续发生，贸然回家，可能遭到第二次滑坡的侵害。只有当滑坡已经过去，并且自家的房屋远离滑坡，确认安全后，方可进入。

学以致用

①泥石流是怎样形成的？有哪些种类？

_____

_____

_____

_____

_____

_____

②人们应该怎样防范泥石流灾害？

_____

_____

_____

_____

_____

_____

_____

③当发生泥石流、山体滑坡等自然灾害时，人们应该怎样自救?

_____

_____

_____

_____

_____

_____

_____

 安全提醒

①野外扎营时，要选择平整的高地作为营址，尽量避开有滚石和大量堆积物的山坡下或山谷、
　沟底。

②沿山谷徒步行走时，一旦遭遇大雨，发现山谷有异常的声音或听到警报时，要立即向坚固
　的高地或泥石流半旁侧山坡跑去，不要在谷地停留。一定要设法从房屋里跑至开阔地带，尽
　可能防止被埋压。

③发生山体滑坡时，同样要向垂直于滑坡的方向逃生。要选择平整的高地作为营地，尽可能
　避开有滚石和大量堆积物的山坡下面，不要在山谷和河沟底部扎营。

第三节 雾霾天气的防范措施

案例 2013年1月中旬，由于冷空气较弱，多地气温回升，雾霾天气大范围伺机而入，中国中东部大部地区受到影响，而大雾给这些地区造成了严重的空气污染。中国环境监测总站的全国城市空气质量实时发布平台显示，2013年1月12日，北京、河北、山东等多地空气质量达严重污染。2014年1月4日，国家减灾办、民政部首次将危害健康的雾霾天气纳入2013年自然灾情进行通报。

案例思考

①为什么中国近几年发生雾霾天气现象越来越严重？

_____

_____

_____

_____

②在雾霾天气环境下，作为中职生的我们应该怎么做？

_____

_____

_____

_____

案例分析

近年来，最严重的雾霾天气笼罩北京，由北京当地监测机构提供的污染数据——PM

2.5 颗粒物浓度数据显示，北京城区处于"严重污染"或"危险"水平。大范围雾霾天气触发了一系列的"连锁反应"，包括交通受限、航班延误、病患增加等。北京、天津、河北等地多条高速公路已采取了临时交通管制，石家庄机场因能见度低致使多趟航班延误，南昌昌北国际机场部分航班受影响，青岛流亭国际机场 60 余架次进出港航班延误或取消，近 5 000 名旅客出行受到影响，而各地医院的呼吸科和儿科病患也明显增多。

安全预防

若遇雾霾天气，应做好以下预防措施：

1. 出门戴口罩

外出时戴上口罩，这样可以有效防止粉尘颗粒进入体内。口罩以棉质口罩最好，因为一些人对无纺布过敏，而棉质口罩一般人都不过敏，而且易清洗。

2. 雾霾天气少开窗

很多人习惯开窗通风。可如果雾霾一整天不散，是该开窗通风还是紧闭门窗呢？雾霾天气里，不主张早晚开窗通风，最好等太阳出来后再开窗通风。

3. 饮食清淡多喝水

雾天的饮食宜选择清淡、易消化且富含维生素的食物，多饮水，多吃新鲜蔬菜和水果，这样不仅可补充各种维生素和无机盐，还能起到润肺除燥、祛痰止咳、健脾补肾的作用。少吃刺激性食物，多吃些梨、枇杷、橙子、橘子等清肺化痰食品。

4. 适量补充维生素 D

这个季节雾多、日照少，由于紫外线照射不足，人体内维生素 D 生成不足，有些人还会产生精神懒散、情绪低落等现象，必要时可补充一些维生素 D。

5. 做好个人卫生

雾气看似温和，里面却含有各种酸、碱、盐、胺、酚、尘埃、病原微生物等有害物质，因此，雾天外出归来应立即清洗面部及裸露的肌肤。

6. 多种绿色植物

自家阳台、露台、室内多种绿植。

重庆又称"雾都"，特别是在冬天，还容易遭受大雾天气的袭击。大雾来临时，应尽量减少户外活动，尤其是一些剧烈的活动，要多饮水，注意休息。如果必须外出则一定要戴上口罩，外出回来后应该立即清洗面部及裸露的肌肤。应暂停晨练，早晨一般是雾最浓的时候，此时锻炼将吸入大量有害物质，造成咽喉、气管和眼结膜病症；避免在雾中长时间跑动，由于雾中水汽多，氧气含量相对较小，而人长时间跑动时供氧需求激增，容易出现头晕、恶心、乏力等症状。

1. 雾霾的成因

近几年来，"雾霾"成为年度关键词。雾霾，是雾和霾的组合词。雾霾常见于城市。中国不少地区将雾并入霾一起作为灾害性天气现象进行预警预报，统称为"雾霾天气"。

雾霾是特定气候条件与人类活动相互作用的结果。高密度人口的经济及社会活动必然会排放大量细颗粒物（PM 2. 5），一旦排放超过大气循环能力和承载度，细颗粒物浓度将持续积聚，此时如果受静稳天气等影响，极易出现大范围的雾霾。雾霾天气的主要原因有以下几条：

①气压较低。空气气压低，空气流通速度缓慢，使得空气中的微小颗粒大量聚集，进而飘浮在空气中，难以散开。

②汽车尾气排放。近年来，我国私家车数量明显攀升，据不完全统计，仅河南省便拥有近200万台私车。海量的私家车在造成交通拥堵的同时，还排放大量的汽车尾气。其中，二氧化硫等硫氧化物被大量排放，进而形成雾霾。

③建筑粉尘。众所周知，房地产带动建筑业发展，但建筑垃圾及粉尘在暴露环境下极易成为形成雾霾的元凶。再加上车流及人流的搅动，建筑粉尘飘入空中，形成雾霾。除此之外，粗放的垃圾处理也是形成雾霾的原因之一。

④冬季取暖及工厂排放：进入冬季，热力公司要保障市民的取暖。但是，现在的制热大多还是以煤炭燃烧产生热量为主。不完全燃烧的粉尘以及排放的硫化气体，也是雾霾天气形成的原因。除此之外，部分工厂的违法排放也加剧了雾霾的形成。

2. 雾霾对身体的危害

①对呼吸系统的影响。霾的组成成分非常复杂，包括数百种大气化学颗粒物质。其中，有害健康的主要是直径小于10微米的气溶胶粒子，如矿物颗粒物、海盐、硫酸盐、硝酸盐、有机气溶胶粒子、燃料和汽车废气等，它能直接进入并黏附在人体呼吸道和肺泡中。尤其是亚微米粒子会分别沉积于上、下呼吸道和肺泡中，引起急性鼻炎和急性支气管炎等病症。对于支气管哮喘、慢性支气管炎、阻塞性肺气肿和慢性阻塞性肺疾病等慢性呼吸系统疾病患者，雾霾天气可使病情急性发作或急性加重。如果长期处于这种环境还会诱发肺癌。

②由于雾天日照减少，紫外线照射不足，体内维生素D生成不足，人体对钙的吸收大大减少，严重的会造成儿童生长减慢。

③影响心理。阴沉的雾霾天气由于光线较弱及导致的低气压，容易让人产生精神懒散、情绪低落及悲观情绪，遇到不顺心的事情甚至容易失控。

④雾霾天气导致体内产生大量的自由基。我们知道吸烟有害身体健康，是因为吸烟会导致增加身体内自由基的数量急剧上升。自由基会攻击身体器官的细胞，从而引起各种疾病。而雾霾进入人体后产生的自由基要远比吸烟多很多。最直接的表现就是呼吸系统的疾病，严重的可能诱发心脏病甚至致癌、致死。所以当我们遭遇雾霾天气的时候，除了要做好物理措施的隔离，还要清理体内的自由基，这样才能够从里到外

知识拓展

地全面保护我们的身体健康。对抗自由基的唯一有效方法是补充抗氧化剂，因为抗氧化剂可以有效清除自由基。平时我们吃的蔬菜水果就含有一些抗氧化成分，但是含量很少，并不能满足我们身体每天的抗氧化所需，特别是在污染严重的城市，这些情况引起了世界预防医学界的重视。

3.雾霾天气的治理措施

①政府完善法律。国外治理大气污染立法先行，现已形成完备的法律体系。目前，我国大气污染立法尚不完善，应尽快完善相关法律法规，已实施13年的《大气污染防治法》亟待修订。如在环境保护法律法规中增加区域联防联治内容，加大机动车尾气治理力度，通过立法修订机动车尾气排放标准等。

②经济结构调整。我国是以煤为主的能源消耗结构，化石能源占中国整体能源结构92.7%。面对环境污染严重、生态系统退化的严峻形势，以化石资源为代价的传统发展模式已难以为继，急需由"高碳"经济向"低碳"经济转型。而避免燃煤污染的治本之策，就是要使用清洁能源，从源头上减少污染排放。

③企业节能减排。按照"谁污染谁治理"的原则，就是要"倒逼"企业转型升级。企业要推进清洁生产，靠科技投入转变生产方式，使用天然气、太阳能等清洁能源，减少污染气体的排放，进而实现节能减排。

学以致用

①遭遇雾霾天气时，我们应该做好哪些防范措施?

_____

_____

_____

_____

_____

_____

②雾霾天气对身体的危害有哪些?

_____

_____

_____

_____

_____

_____

③雾霾的治理措施有哪些?

 **安全提醒**

在雾霾天气中，要关注特殊人群:

①老年人。老人在室内时间较多，要格外注意清洁卫生，习惯用扫帚扫地的老人不妨改用吸尘器。

②婴幼童。婴幼童身体发育不完全，灰霾天气灰尘、颗粒会通过孩子们的呼吸道直接侵害其健康，容易引起呼吸道疾病，如感冒、咳嗽、鼻炎、支气管炎、哮喘等发生。应减少室外活动，将户外活动改为室内活动，从而减少灰霾对儿童的影响。此外，毛绒玩具表面的灰尘、细菌较多，尽量少给孩子玩或常清洗，让孩子的活动远离污染严重的交通干道；临街住的，避免在交通高峰期开窗通风。

③室外作业人员。需要长时间在室外工作的作业人员例如建筑工人、环卫工人、交警等，他们暴露在雾霾的时间更长,接触量更大。因此,此类作业人员在雾霾天工作时应及时戴上口罩。

④孕妇。孕妇要适当休息，避免过度劳累，保证充足的睡眠，减少心理压力。同时，孕妇也不能一味休息，仍应适当活动，保持乐观的情绪。多吃含锌食物；补充维生素 C；提高室内空气的相对湿度。

⑤慢性病人。雾霾对于患有哮喘、慢性支气管炎、慢性阻塞性肺病等呼吸系统疾病的人群会引起气短、胸闷等不适，可能造成肺部感染，或出现急性加重反应。糖尿病患者因自身抵抗力较弱，更易患感冒。

第四节 地震来临时的应对措施

案例导入

案例1 17岁的马志成曾在地震中被困废墟，以下是他讲述自救的情况：地震后我全身被废墟掩埋，开始因为不知自己的埋压情况，不敢盲目乱动，怕越动压得越实。我考虑，众多的人都被埋，在等待搜救人员，短时间可能不会有人来救我，在有条件的情况下，还是应主动自救，起码要保护自己，不要只是等待。我开始小心地活动肩膀，抽出手臂，上肢可以活动了，我觉得没什么危险，胆子也大点了，试着将周围的石块向四周空隙推移，扩大了我的生存空间，呼吸也畅通多了，为延长生命创造了条件。待听到来人时，我就呼喊，由于开始没消耗太大的体力，喊声也较大，叫来了两个人，他们立即搬开废墟，我在下面积极配合，把石块向外传递，我的下肢逐渐可以活动了，终于从缝隙中爬出了废墟。

案例2 林浩，男，1999年出生，四川省汶川县映秀镇渔子溪小学二年级学生。在"汶川大地震"发生时，小林浩同其他同学一起迅速往教学楼外转移，还未及跑出，便被压在了废墟之下。此时，身为班长的小林浩表现出了与年龄所不相称的成熟，他在下面组织同学们唱歌，安慰因惊吓过度而哭泣的女同学。经过两个小时的艰难挣扎，身材矮小而灵活的小林浩终于自救成功，爬出了废墟。但此时，小林浩班上还有数十名同学被埋在废墟之下，9岁的小林浩没有像其他孩子那样惊慌地逃离，而是又镇定地返回了废墟，将压在他旁边的两名同学救了出来，交给了校长。在救援过程中，小林浩的头部和上身有多处受伤。

案例思考

①在案例1中，17岁的马志成在地震中被埋压后，采用什么样的方法开展自救？

_____

_____

_____

_____

②听了四川省汶川县映秀镇渔子溪小学二年级学生林浩同学的故事，你有什么感受？受到什么启示？

_____

_____

_____

_____

_____

案例分析

在案例 1 和案例 2 中，都是因为地震造成人员伤害。在遇到地震时，人们首先要想办法积极自救，并主动配合搜救人员，这样不但可以延长生命，缩短搜救时间，还可多解救其他埋压人员。其次要想办法协助工作人员救助其他人员。

我国是一个自然灾害频发的国家。我们的科学机构在灾难来临前，要积极预防，发布预警，作好转移和安置的准备，将人民群众的人身安全放在首位，做好一切应对准备，用科学的方法将损失降到最低。当灾难来临的时候，我们首先不能慌乱，要竭力保持镇静，明白自己的处境，然后果断作出决定，尽量保护好自己的人身安全，必要时要有所放弃。面对这些突发性事件，"人人奉献，众志成城"，这样既能保小我，又利大我。当灾难来临时，全国人民空前团结、临危不惧、百折不挠、奋勇抗灾。正是靠着这种民族精神，我们战胜了无数次自然灾害。

安全预防

当地震来临时，要做好以下防范措施：

①一旦发生地震，要保持冷静，不要在慌乱中从窗户、阳台上跳楼。

②如在室内，赶快就近蹲、坐或趴在相对安全的地方，如躲避在坚实的家具下或内墙墙根、墙角处，也可到承重墙较多、开间小的厨房、厕所、储藏室去；要尽量蜷曲身体，降低身体重心，并用软垫、脸盆等保护好头部、眼睛，掩住口、鼻，待震后再迅速撤离

到室外；睡觉来不及躲避者，切勿仰卧，侧过身来也能争得生存的机会。

③如在户外，应就地选择开阔地避震，蹲下或趴下，不要乱跑，避开人多的地方，不要随便返回室内。应避开高大建筑物或构筑物，特别是要避开有玻璃幕墙的建筑、过街桥、立交桥、高烟囱、水塔等。注意远离山崖、陡坡、河岸及高压线等。

④如被埋压，要设法避开身体上方不结实的倒塌物、悬挂物或其他危险物；搬开身边可移动的碎砖瓦等杂物，扩大活动空间；要设法将手脚挣脱出来，清除压在身上特别是腹部以上的物体；设法用砖石、木棍等支撑残垣断壁；不要乱叫，保持体力，用敲击声求救。

⑤地震时如被埋压在废墟下，周围又是一片漆黑，只有极小的空间，一定不要惊慌，要沉着，树立生存的信心，相信会有人来救你，要千方百计保护自己。

⑥地震后，往往还有多次余震发生，处境可能继续恶化。为了免遭新的伤害，要尽量改善自己所处环境。此时，如果应急包在身旁，将会为你脱险起很大作用。

⑦如被掩埋，首先要保护呼吸畅通，挪开头部、胸部的杂物，闻到煤气、毒气时，用湿衣服等物捂住口、鼻；避开身体上方不结实的倒塌物和其他容易引起掉落的物体；扩大和稳定生存空间，用砖块、木棍等支撑残垣断壁，以防余震发生后，环境进一步恶化。

⑧设法脱离险境。如果找不到脱离险境的通道，应尽量保存体力，用石块敲击能发出声响的物体，向外发出呼救信号，不要哭喊、急躁和盲目行动，这样会大量消耗精力和体力，尽可能控制自己的情绪或闭目休息，等待救援人员到来。如果受伤，要想法包扎，避免流血过多。

⑨维持生命。如果被埋在废墟下的时间比较长，救援人员未到，或者没有听到呼救信号，就要想办法维持自己的生命，水和食品一定要节约，必要时自己的尿液也能起到解渴作用。

1. 地震基本常识

知识拓展

地震——地球的伸展运动，它带给人们的是生命财产与安全的无尽的威胁，是严重的自然灾害，影响国计民生。1906年的旧金山大地震就造成了38万多人直接或间接的伤害，经济损失无以计数。

预报地震是地震预防的关键。按距离地震发生时间，预报分为中长期预报、短期预报和震前预报。中长期预报主要通过地震和地质情况的调查研究来实施。短期预报，既要靠地震和地质情况的调查研究，还要运用各种监测手段。震前预报主要靠各种监测手段。地震监测主要是利用各种仪器设备去研究岩石中正在发生的各种物理变化。地震仪对微弱震能进行连续记录，分析研究记录，可以推断地震的发震趋势。此外，天气和动物的异常反应，地光、地声的产生，也是地震即将到来的预兆。

2. 地震逃生措施

地震虽然是人类目前无法避免和控制的，但只要掌握一些技巧，可以从灾难中将伤害降到最低。地震发生时，应坚持以下逃生原则：

①地震时应躲在桌子等坚固家具的下面。

大的晃动时间约为1分钟。这时首先应顾及的是自己与家人的人身安全。首先，在重心较低且结实牢固的桌子下面躲避，并紧紧抓牢桌子腿。在没有桌子等可供藏身的场合，无论如何，也要用坐垫等物保护好头部。

②摇晃时立即关火，失火时立即灭火。

③不要慌张地向户外跑。

地震发生后，慌慌张张地向外跑，碎玻璃、屋顶上的砖瓦、广告牌等掉下来砸在身上，是很危险的。此外，水泥预制板墙、自动售货机等也有倒塌的危险，不要靠近这些物体。

④将门打开，确保出口。

平时要事先准备好万一被关在屋子里如何逃脱的方法，准备好梯子、绳索等。

⑤户外的场合，要保护好头部，避开危险之处。

当大地剧烈摇晃、站立不稳的时候，人们都会有扶靠、抓住什么的心理。身边的门柱、墙壁大多会成为扶靠的对象。但是，这些看上去挺结实牢固的东西，实际上却是危险的。

在1987年日本宫城县海底地震时，由于水泥预制板墙、门柱的倒塌，曾经造成过多人死伤。务必不要靠近水泥预制板墙、门柱等躲避。

在繁华街区，最危险的是玻璃窗、广告牌等物掉落下来砸伤人。要注意用手或手提包等物保护好头部。

此外，还应注意自动售货机翻倒伤人。在楼区时，根据情况，进入建筑物中躲避较安全。

⑥在百货公司、剧场时，依工作人员的指示行动。

在百货公司、地下街等人员较多的地方，最可怕的是发生混乱。请依照商店职员、警卫人员的指示行动。

就地震而言，据说地下街是比较安全的。即便发生停电，紧急照明电也会即刻亮起，请镇静地采取行动。

如发生火灾，即刻会充满烟雾。以压低身体的姿势避难。

在发生地震、火灾时，不能使用电梯。万一在搭乘电梯时遇到地震，将操作盘上各楼层的按钮全部按下，一旦停下，迅速离开电梯，确认安全后避难。

高层大厦以及新建建筑物的电梯，都装有管制运行的装置。地震发生时，会自动动作，停在最近的楼层。

万一被关在电梯中，请通过电梯中的专用电话与管理室联系、求助。

⑦汽车靠路边停车，管制区域禁止行驶。

发生大地震时，行驶中的汽车会像轮胎泄了气似的，无法把握方向盘，难以驾驶。必须充分注意，应避开十字路口将车子靠路边停下。为了不妨碍避难疏散的人和紧急车辆的通行，要让出道路的中间部分。

都市中心地区的绝大部分道路将会全面禁止通行。充分注意汽车收音机的广播，附近有警察的话，要依照其指示行事。

有必要避难时，为不致卷入火灾，请把车窗关好，车钥匙插在车上，不要锁车门，并和当地的人一起行动。

⑧务必注意山崩、断崖落石或海啸。

在山边、陡峭的倾斜地段，有发生山崩、断崖落石的危险，应迅速到安全的场所避难。

在海岸边，有遭遇海啸的危险。请注意收音机、电视机等的信息，迅速到安全的场所避难。

⑨避难时要徒步，携带物品应在最少限度。

因地震造成的火灾原则上以市民防灾组织、街道等为单位，在负责人及警察等带领下采取徒步避难的方式，携带的物品应在最少限度。绝对不能利用汽车、自行车避难。

对于病人等的避难，当地居民的合作互助是不可缺少的。从平时起，邻里之间有必要在事前就避难的方式等进行商定。

⑩不要听信谣言，不要轻举妄动。

在发生大地震时，人们心理上易产生动摇。为防止混乱，每个人依据正确的信息，冷静地采取行动，极为重要。

相信从政府、警察、消防等防灾机构直接得到的信息，决不轻信不负责任的流言蜚语，不要轻举妄动。

学以致用

①地震有哪些前兆？我们应怎样进行防范？

②在2008年，汶川大地震来临时，重庆有明显震感。重庆是一座以高层建筑为主的山城，当听说还有强烈的余震时，市民纷纷不敢回家，晚上露宿街头避震。部分市民选择了在四公里立交桥一带避震，请问：他们做得对吗？为什么？你认为应该怎么办？

_____

_____

_____

_____

_____

_____

③当地震发生时，我们怎样保护自己？采用哪些方法自救？

_____

_____

_____

_____

_____

_____

安全提醒

地震来临——送你防震自救口诀

大震来时有预兆，地声地光地颤摇，虽然短短几十秒，作出判断最重要。

高层楼房下，电梯不可搭，万一断电力，欲速则不达。

平房避震有讲究，是跑是留两可求，因地制宜作决断，错过时机诸事休。

次生灾害危害大，需要尽量预防它，电源燃气是隐患，震时及时关上闸。

强震颤簸站立难，就近躲避最明见，床下桌下小开间，伏而待定保安全。

震时火灾易发生，伏在地上要镇静，沾湿毛巾口鼻捂，弯腰匍匐逆风行。

震时开车太可怕，感觉有震快停下，赶紧就地来躲避，千万别在高桥下。

震后别急往家跑，余震发生不可少，万一赶上强余震，加重伤害受不了。

第五节 雷电天气注意安全

案例导入

案例 1996 年 6 月 14 日下午 7 时,广东工业大学机电系的一群大学生冒雨在学校足球场踢足球,一声雷响,5 人被击倒,其中两人被送医院抢救。

案例思考

在案例中,为什么会造成 5 名大学生被雷击倒的事故?你认为他们做得对不对?为什么?

_____

_____

_____

_____

_____

案例分析

这群大学生没有安全意识,在雷雨天气下,仍然还在操场中踢足球。突然遭遇雷电,由于地面湿滑,导致多名学生触电被击倒。因此,同学们一定要引起高度重视,遇雷雨天气时,禁止在户外运动,一定要尽快回到室内。

安全预防

防雷的十条基本原则:
①室内比室外安全;
②低处比高处安全,坐下、蹲下比站立和行走安全;

③有防雷设施的建筑物比无防雷设施的建筑物安全；

④不要在大树下避雷，宁可在大树旁的小树下避雷，并且要离开树干至少3米，双脚并拢，坐在地上，不要靠在树干上；

⑤不要触摸或靠在高墙、高烟囱和孤立的高大树木下避雷；

⑥不要在田地间的窝棚里或位于地形高处的简易农舍里避雷；

⑦在雷雨时，不能在空旷的田埂上跑步，更不能肩扛长形工具跑步；

⑧在野外，雷暴时不要接触和接近各种电线类金属；

⑨雷暴时，停止一切室外的体育活动，特别是在宽大球场上的运动；

⑩雷暴时，停止一切装填炸药和放炮的作业。

知识拓展

1. 雷电的产生

空中的尘埃、冰晶等物质在云层中翻滚运动的时候，经过一些复杂过程，使这些物质分别带上了正电荷与负电荷。经过运动，带上相同电荷的质量较重的物质会到达云层的下部（一般为负电荷），带上相同电荷的质量较轻的物质会到达云层的上部（一般为正电荷）。这样，同性电荷的汇集就形成了一些带电中心，当异性带电中心之间的空气被其强大的电场击穿时，就形成"云间放电"（即闪电）。

带负电荷的云层向下靠近地面时，地面的凸出物、金属等会被感应出正电荷，随着电场的逐步增强，雷云向下形成下行先导，地面的物体形成向上闪流，二者相遇即形成对地放电。这就容易造成雷电灾害。

雷电形成于大气运动过程中，其成因为大气运动中的剧烈摩擦生电以及云块切割磁力线。

闪电的形状最常见的是枝状，此外还有球状、片状、带状。闪电的形式有云天闪电、云间闪电、云地闪电。云间闪电时云间的摩擦就形成了雷声。

2. 雷电的主要特点

①冲击电流大。其电流强度高达几万至几十万安培。

②时间短。一般雷击分为三个阶段，即先导放电、主放电、余光放电。整个过程一般不会超过60微秒。

③雷电流变化梯度大。雷电流变化梯度大，有的可达10千安/微秒。

④冲击电压高。强大的电流产生交变磁场，其感应电压可高达上亿伏。

3. 雷电的破坏

雷电的破坏主要是由于云层间或云和大地之间以及云和空气间的电位差达到一定程度（25～30千伏/厘米）时，所发生的猛烈放电现象。通常雷击有3种形式，直击雷、感应雷、球形雷。直击雷是带电的云层与大地上某一点之间发生迅猛的放电现象。感应雷是当直击雷发生以后，云层带电迅速消失，地面某些范围由于散流电阻大，出现局部高电压，或在直击雷放电过程中，强大的脉冲电流对周围的导线或金属物产生电磁感应发生高电压而发生闪击现象的二次雷。球形雷是球状闪电的现象。

当雷电直接击在建筑物上，强大的雷电流使建（构）筑物水分受热汽化膨胀，从而产生很大的机械力，导致建筑物燃烧或爆炸。另外，当雷电击中接闪器，电流沿引下线向大地泻放时，这时对地电位升高，有可能向临近的物体跳击，称为雷电"反击"，从而造成火灾或人身伤亡。

4.防雷电知识

防护雷电的对象可分为人体、建（构）筑物、易燃易爆场所、计算机场地、高电压设备等。不同的对象，雷电的防护也有不同。

（1）人体防雷电

雷电造成的灾害除经济损失外，还伤及人的生命。人在遭受雷击时，电流迅速通过人体，可引起呼吸中枢麻痹，心脏骤停，造成不同程度的烧伤，严重者可发生脑组织缺氧而死亡。

在雷电多发的夏季，人们对防雷电应该引起高度的重视。当雷电发生时，应尽量避免使用家电设备，如收音机、电视机、计算机、电话机等，室外天线和电源线要接地良好，空调器、电冰箱、抽油烟机也要停止使用，以防感应雷和雷电波的侵害。房屋门窗要关闭好，有条件的家庭，门窗可安装金属网罩并接地良好，以防球形闪电入室。如果人在户外，雷雨时应及时进入有避雷设施的场所，不要在孤立的电杆、房檐、大树、烟囱下躲避。当雷电距离很近时，不要撑开带铁杆的雨伞，头顶上方要避开金属物，不要使用手机，避免直击雷的袭击。在水田劳动或者在河里游泳的，应立即离开水中，以防雷电通过水的传导而遭雷击。在雷雨中，若感到头、颈、身体有麻木的感觉，这是即将遭受雷击的先兆，应立即躺下。万一遇到被雷电击昏者，应立即进行人工呼吸和胸外心脏按压，并及时送往医院抢救。

（2）建筑物防雷电

城市的高大建（构）筑物不断增加，导致雷击事故不断加剧；建（构）筑物内通信、计算机网络等抗干扰能力较弱的现代化电子设备越来越普及；不少高大建（构）筑物的防护设施不完善使它们的防雷能力先天不足；大量通信、计算机网络系统等未严格按照国家技术规范设计安装防雷电装置便投入使用，这些都成为雷电灾害频繁发生的重要原因。

高大建（构）筑物要按规范要求安装防雷电设施，要严格对建（构）筑物防雷电设施的设计审查、施工监督、竣工验收。开展广泛的防雷知识宣传，特别是对那些高大建（构）筑物，要逐个排查，发现问题及时采取措施，限期整改。对无资质、资格证进行防雷设施设计、施工的单位要坚决取缔，做到防患于未然。

（3）易燃易爆场所防雷电

加油站、液化气站、天然气站、输油管道、储油罐（池）、油井、弹药库等易燃易爆场所，如果缺少必要的防雷电设施，将会因雷电灾害造成重大的损失。这类场所除安装防直击雷的设施外，对储气（油）罐（池）及管道、设备等还必须安装防静电感应雷、防电磁感应雷的装置，指定专人看护，发现问题及时处理，并定期向专业检测机构申请检测。

（4）计算机及其场地防雷电

不少单位为防止计算机及其局域网或广域网遭雷击，便简单地在与外部线路连接的调制解调器上安装避雷器。由于静电感应雷、防电磁感应雷主要是通过供电线路破坏设备的，因此对计算机信息系统的防雷保护首先是合理地加装电源避雷器，其次是加装信号线路和天馈线避雷器。如果大楼信息系统的设备配置中有计算机中心机房、程控交换机房及机要设备机房，那么在总电源处要加装电源避雷器。按照有关标准要求，必须在0区、1区、2区分别加装避雷器(0区、1区、2区是按照雷电出现的强度划分的)。在各设备前端分别要加装串联型电源避雷器（多级集成型），以最大限度地抑制雷电感应的能量。同时，计算机中心的调制解调器、路由器、甚至集线器等都有线路出户，这些出户的线路都应视为雷电引入通道，都应加装信号避雷器。对楼内计算机等电子设备进行防护的同时，对建（构）筑物再安装防雷设施就更安全了。

（5）高电压设备防雷电

电力系统的发电站、高压变电站、高压输电线路等的高电压设备，在雷电发生时极容易产生超高电压，造成设备损毁。在工程上，往往要根据设备的重要性和对高电压的耐受能力采用一级或多级设防。通过采用输电网金具接地、相线与地线间并联电容器或变压器隔离等方法把高电压雷电脉冲的幅值降低，使设备受到保护。

5. 遭遇雷击，现场急救方法

①如果伤者衣服着火，应马上躺下，使火焰不致烧及面部。可往伤者身上泼水，或用厚外衣、毯子裹住扑灭火焰。

②如果触电者陷入昏迷甚至呼吸停止，要让他就地平躺，解开衣扣，立即进行人工呼吸、胸外心脏按压等复苏抢救。

③如果受雷击被烧伤或严重休克，但仍有呼吸和心跳，则自行恢复的可能性很大，应让伤者舒适平卧；安静休息后，再送医院治疗。在送医途中，要注意给伤者保温，若有狂躁不安、痉挛抽搐等症状时，要为伤者作头部冷敷。对电灼伤的伤口或创面，不要用油膏或不干净的敷料包敷，要用干净的敷料包扎。

④遭到电击时，应立即切断电源。无法关断电源时，可以用木棒、竹竿等将电线挑离触电者身体；救援者千万不能用手去拉触电者。

⑤遭遇雷电时，如在室内，不要接触带电设备或金属装备，要尽量拔掉电器设备的电源、电话线、有线电视线、网络线等进出室内的金属线缆；不要使用水龙头。

⑥遭遇雷电时，如在室外，要远离树木和梳杆，要尽量降低身体高度，建议双脚并拢蹲下；不要使用电话和手提电话，不要打伞；不要戴金属饰物；不要几个人拥挤成堆，不要相互接触。

学以致用

①雷雨是怎样产生的？有哪些特点？

_____

_____

_____

_____

_____

_____

②雷雨天气，人们应该怎样进行防雷电?

③遭遇雷雨天气，有人被雷击倒，应如何进行自救和施救?

 安全提醒

避免雷击灾害——远离天线、电线杆、避雷针

①远离建筑物的避雷针及其接地引下线。

②远离各种天线、电线杆、高塔、烟囱、旗杆，如有条件，应进入有防雷设施的建筑物或金属壳的汽车、船只，但帆布的篷车、拖拉机、摩托车等在雷雨发生时是比较危险的，应尽快远离。

③尽量离开山丘、海滨、河边、池塘边，尽量离开孤立的树木和没有防雷装置的孤立建筑物，

铁围栏、铁丝网、金属晒衣绳边也很危险。

④外出时应穿塑料材质等不浸水的雨衣，不要骑在牲畜上或自行车上；不要用金属杆的雨伞，不要把铁锹、锄头扛在肩上。

⑤人在遭受雷击前，会突然有头发竖起或皮肤颤动的感觉，这时应立刻躺倒在地，或选择低洼处蹲下，双脚并拢，双臂抱膝，头部下俯，尽量降低自身位势、缩小暴露面。

⑥关好门窗，防止球形雷窜入室内造成危害；把电视机室外天线在雷雨天与电视机脱离，而与接地线连接；尽量停止使用电器，拔掉电源插头；不要打电话和手机；不要靠近室内金属设备，不要靠近潮湿的墙壁。

第六节　龙卷风、台风的防范措施

案例导入

案例　2015年7月，超强台风"灿鸿"登陆我国浙闽地带。台风"灿鸿"于7月10日12时成为超强台风，15时位于台州东南偏东约400千米的东海海面上，最大风力达17级(58米/秒)。沿海海面出现9～11级大风，预计"灿鸿"将以每小时20千米左右的速度向西北方向移动，逐渐向浙江沿海靠近，将于10日后半夜到11日中午在瑞安到舟山一带沿海登陆，登陆时强度可达强台风到超强台风。受台风"灿鸿"影响，温州洞头县多辆出租车被困海岛，报警求助，温州交警紧急调动一辆重型铲车，迎着十米大浪前往大堤上营救。重型铲车行驶在积水超过一米的堤坝上寻找报警的出租车，超过十米高的大浪不时拍打着车身，场面惊险。

案例思考

当台风到来的时候，行人和车辆应该怎样做才会脱离危险？

_____

_____

_____

_____

_____

_____

案例分析

台风威力很大，会对城市、建筑、行人等造成重大影响。案例中的车辆在遭遇台风时被困，采取的措施不当。无论是开车还是停车过程中，暴雨台风天气都为大家正常操作增加了难度。在这种复杂天气下，若在市区道路，容易积水，一定要减速慢行，或者尽快找地势高的地方停车。若在高速公路、一级公路及其他空旷地区的道路，风力会比别处更大，如果在这些路段开车，一定要减速慢行。如果感觉控制不住车辆了，应立即找个安全地方停下来。在高架路或高速公路上要找最近的出口下去。

安全预防

1. 台风防范措施

①在台风来临前，要弄清楚自己所处的区域是否是台风要袭击的危险区域，并且了解全撤离的路径及政府提供的避风场所。

②当台风到来时，要注意通过电台、电视以了解最新的热带气旋动态；要检查并牢固活动房屋的固定物；关好门窗；准备好食物、水及药品。

③如果你居住在移动房、海岸边、山坡上容易发生泥石流的房屋里，你要时刻准备撤离该地，并且尽量和朋友、家人在一起，到地势较高的坚固房子，或到事先指定的洪水区以外的地区。

④当台风信号解除后，要坚持收听电台广播、收看电视，当撤离的地区被宣布安全时，才可以返回该地区。如果遇到路障或者是被洪水淹没的道路，要切记绕道而行！要避免走不坚固的桥；不要开车进入洪水暴发区域，留在地面坚固的地方。

2. 龙卷风防范措施

①在家时，务必远离门、窗和房屋的外围墙壁，躲到与龙卷风方向相反的墙壁或小房间内抱头蹲下。

②躲避龙卷风最安全的地方是地下室或半地下室。

③在电杆倒、房屋塌的紧急情况下，应及时切断电源，以防止电击人体或引起火灾。

④在野外遇龙卷风时，应就近寻找低洼地伏于地面，但要远离大树、电杆，以免被砸、被压和触电。

⑤汽车外出遇到龙卷风时，千万不能开车躲避，也不要在汽车中躲避，因为汽车对龙卷风几乎没有防御能力，应立即离开汽车，到低洼地躲避。

知识拓展

1. 龙卷风

龙卷风是从卷积云向地面延伸的极具强烈破坏性的漏斗状旋转风。龙卷风的快速旋转速度可高达每小时500英里，并可在几秒钟内毁灭所有在它经过时遇到的东西。龙卷风的内部空气很稀薄，压力很低，就像一台巨大的吸尘器，以每小时数百英里的时速，把沿途的一切东西都吸到它的"漏斗"里，直到风力减弱，再把吸进来的东西抛出来。龙卷风是非常危险的。最强的龙卷风可以轻而易举地把房屋连同房屋内的一切抛向天空。

（1）龙卷风的预兆

①强烈的、连续旋转的乌云。

②在云层下的地面上，有旋转的尘土和碎片。

③随着冰雹和雷雨，风向在不断地转变。

④持久不断的隆隆雷声。

⑤在掉落在地面上的电线附近，有明亮的蓝绿色火花。

⑥盘旋的底云层。

（2）龙卷风的防备

①有地下室的房屋：避开所有的窗户，立刻进入地下室，躲在坚实的桌子或工作台下。千万不要躲在重物附近的地方，以免龙卷风破坏了房屋的结构，造成这些重物倒塌而压在人身上。

②没有地下室的房屋或公寓房：避开所有的窗户，立即进入一间小的、位于中间的房子，如厕所、壁橱或最底层的内部过道。脸朝下，用手护住头部，尽可能蹲伏于地板上。用厚的垫子，如床垫或毯子盖在身上，以防掉落的碎物砸伤身体。

③办公楼、医院、老人院或摩天高楼：立即进入楼房中心、封闭的、无窗户的区域，尽可能地避开窗户。内部楼梯过道是最好的避难所。因为在紧急情况下，它们也是进入楼房其他地方的通道。一定要避开电梯，因为如果一旦停电，人可能被困在电梯内。

④活动房屋（住房拖车）：在龙卷风期间，切记不可因为任何原因而停留在活动房屋内。在活动房屋外面远比在活动房屋内有更大的存活机会。如果社区有龙卷风避难所，或者附近有一个坚实的建筑物，请尽可能到那里避难。

⑤遵循预先操练的规定，听从负责人的指挥，有秩序地走进学校建筑内部过道或房间，躲在桌子下，用手护住头部。切记避开窗户和大的、宽阔的房间，如体育馆或礼堂。

汽车或卡车：如果龙卷风逼近，而车正行驶在路上，请尽可能地沿着与龙卷风的路线垂直的方向行驶，以远离龙卷风。如果不可能，则弃车于路边安全的地方，人员尽快地进入附近的建筑物。

⑥室外：如果附近有建筑物，请立即进入。如果没有，则平躺在地上，脸朝下，用手护住头部。切记不要躺在汽车或树附近，以免它们被龙卷风吹倒而伤人。

⑦购物商场：千万不要惊慌！尽快地避开窗户，进入商场内部厕所、储藏室或其他封闭的地方。

⑧教堂或电影院：千万不要惊慌！尽快进入内部厕所或过道。脸朝下，用手护住头部，蹲伏在地上。如果需要，则躲藏在椅子下面，以获得进一步的保护。

2.台风

台风是围绕一个中心点旋转的气旋，这个中心点就像圆心一样。当这个中心点的移动轨迹与海岸线相交时，就意味着台风登陆了，这个中心点和海岸线的交点就是登陆点。

一般情况下，台风登陆点在台风登陆前就会出现狂风暴雨。台风级别越高，外围风雨影响越强大。在台风登陆前，外围云系就已经影响到沿海地区。台风中心就好像打仗时的司令部，外围云系是先遣作战部队。司令部是指挥的核心。"台风来时像打仗，防御时不光要想着对方的司令部在哪里，首要还需迎战先遣部队。"

相对来说，台风中心是相对平静的区域。台风登陆的瞬间，登陆点天气会相对平稳。

短暂的"宁静"过后，周围云系紧紧相随，暴风雨就来了。登陆后的台风继续推移，司令部转移阵地，原来登陆区域随后也就转入开战模式。不过，无论前期多强，已登陆的台风都逃不过烟消云散的最终结局，随着力量减小，即使原来的登陆点后来又卷进风雨之中，但也很有可能其受灾程度并不是最严重的。

学以致用

①龙卷风来临前有些什么预兆？人们应如何进行防范？

②当台风到来时，你如何躲避？怎样自救？

_____

_____

_____

_____

_____

台风、龙卷风来了怎么避

不要在建筑物旁避风躲雨，强风有可能吹倒建筑物、高空设施，易造成人员伤亡。

尽量避免在河边和桥上行走，行人在路上、桥上、水边容易被吹倒或吹落水中，导致摔死、摔伤或溺水。

第七节　冰雪灾害的防范措施

案例导入

案例　2008年1月10日—2月2日，我国南方地区接连出现四次严重的低温雨雪天气过程，致使我国南方近20个省（区、市）遭受历史罕见的冰冻灾害。灾害的突然出现，使得交通运输、能源供应、电力传输、农业及人民群众生活等方面一时间受到极为严重的影响。此次灾难最终导致1亿多人口受灾，直接经济损失达540多亿元。一方有难，八方支援。从党中央国务院到各级政府，从相关职能部门到普通民众，上下一心形成了一条抗击冰雪灾害的有力链条。亿万国人的共同努力赢得了这次冰雪抗灾的最终胜利。

案例思考

①你经历过冰雪灾害吗？谈谈你对冰雪天气的感受和看法。

_____

_____

_____

_____

②你认为冰雪灾害是怎样形成的？若遭遇特大冰雪灾害，需要采用什么方法施救呢？

_____

_____

_____

_____

_____

案例分析

　　这次灾害的特点，一是强度大、范围广，持续的时间长；二是损失是历史罕见的；三是住房倒塌和损坏的受灾群众转移安置和生活保障工作任务量非常大；四是公路和铁路滞留旅客的应急救助任务非常艰巨；五是电力和通信网络受损严重。近20天大气环流异常是造成这次大范围低温雨雪冰冻灾害的根本原因。拉尼娜事件对这次灾害的发生发展起到了推波助澜的作用。

安全预防

　　预防冰雪灾害措施关键是关注当地冰雪的最新天气预报、警报信息，预先采取防护措施。

　　①相关部门要做好防冰雪准备，相关应急处置部门随时准备启动应急预案。

②做好道路清扫和积雪融化准备工作。降雪后，在道路上撒融雪剂，以防路面结冰。

③减少外出活动，特别是尽可能减少车辆外出，并躲避到安全地方。

④机场、高速公路可能会停航或封闭，要及时取消或调整出行计划。

⑤作好防寒保暖准备，储备足够的食物和水；外出时要采取防寒保暖和防滑措施；骑自行车外出的可适当给轮胎放气，以增加自行车轮胎与路面的摩擦力，同时要慢速行驶并与前车保持一定距离，切忌急刹车、猛转弯，以免造成摔伤；步行时尽量不要穿硬底或光滑底的鞋，老少体弱人员尽量减少外出，以免摔伤。

⑥不要待在不坚实、不安全的建筑物内，在室外要远离广告牌、临时搭建物和老树，以免砸伤；路过桥下、屋檐等处时，要小心观察或绕道通过，以免冰凌脱落伤人。

⑦驾驶人员应采取防滑措施，听从指挥，慢速行驶；转弯时避免急转以防侧滑，踩刹车不要过急过死；在冰雪路面上行车，应安装防滑链，佩戴有色眼镜或变色眼镜。

⑨农牧区要备好粮草，将野外牲畜赶到圈里喂养，并采取一些保温防冻措施。对农作物要采取防冻措施，防止作物受冻，设施农业大棚加固，及时清理积雪以免被雪压塌。

⑨主动清扫自家或单位附近道路和屋顶的积雪。

⑩如果被积雪围困，要尽快拨打110、119等报警求救电话，积极寻求救援。

知识拓展

1. 冰雪灾害常识

冰雪灾害亦称白灾，是因长时间大量降雪造成大范围积雪成灾的自然现象，主要发生在稳定积雪地区和不稳定积雪山区。我国雪灾分为3种：雪崩、风吹雪灾害（风雪流）、牧区雪灾。冰雪灾害引发破坏交通、通信、输电线路等生命线工程、房屋倒塌、人员冻伤摔伤、部分人患"雪盲病"、牧区牲畜冻伤、畜牧业经济损失大，是比较严重的自然灾害。

2. 冰雪天气形成原因

①近期世界范围内也出现了类似的气象灾害，全球气候持续变暖已是不争的事实，在这样的大背景下，全球正处于极端天气气候事件的频发期，包括极端暴风雪和冷冻灾害的频繁袭击。

②大气环流异常是造成雪灾的主要原因。首先，中高纬度欧亚地区的大气环流呈现西高东低分布，有利于冷空气自西北方向沿河西走廊连续不断入侵我国。其次，西北太平洋副热带高压偏强偏北，强大副高压的位置稳定维持在我国东南侧的海洋上空，并多次向西伸展，使冷暖空气交汇的主要地区位于我国长江中下游及其以南地区。第三，青藏高原南缘的南支低压槽活跃，是近十多年来少有的，促使暖湿空气沿云贵高原不断向我国输送。

③拉尼娜事件对冰雪灾害的发生发展起到了推波助澜的作用。 中国属季风大陆性

气候，冬、春季时天气、气候诸要素变率大，导致各种冰雪灾害每年都有可能发生。在全球气候变化的影响下，冰雪灾害成灾因素复杂，致使对雨雪预测预报难度不断增加。

3.冰雪灾害分类

①冰雪洪水：冰川和高山积雪融化形成的洪水。其形成与气象条件密切相关，每年春季气温升高，积雪面积缩小，冰川裸露，冰川开始融化，沟谷内的流量不断增加；夏季，冰雪消融量急剧增加，形成夏季洪峰；进入秋季，消融减弱，洪峰衰减；冬季天寒地冻，消融终止，沟谷断流。冰雪融水主要对公路造成灾害。在洪水期间，冰雪融水携带大量泥沙，对沟口、桥梁等造成淤积，导致涵洞或桥下堵塞，形成洪水漫道，冲淤公路。

②冰川泥石流：冰川消融使洪水挟带泥沙、碎石混合流体而形成的泥石流。青藏高原上的山系，山高谷深，地形陡峻，又是新构造活动频繁的地区，断裂构造纵横交错，岩石破碎，加之寒冻风化和冰川侵蚀，在高山河谷中松散的泥沙、碎石、岩块十分丰富，为冰川泥石流的形成奠定了基础。

③强暴风雪：降雪形成的深厚积雪以及异常暴风雪。由大雪和暴风雪造成的雪灾由于积雪深度大，影响面积广，危害更加严重。如1989年末至1990年初，那曲地区形成大面积降雪，造成大量人畜伤亡，雪害造成的损失超过4亿元。1995年2月中旬，藏北高原出现大面积强降雪，气温骤降，大范围地区的积雪在200毫米以上，个别地方厚1.3米。

④风吹雪：这是指大风携带雪运行的自然现象，又称风雪流。积雪在风力作用下，形成一股股携带着雪的气流，粒雪贴近地面随风飘逸，被称为低吹雪；大风吹袭时，积雪在原野上飘舞而起，出现雪雾弥漫、吹雪遮天的景象，被称为高吹雪；积雪伴随狂风起舞，急骤的风雪弥漫天空，使人难以辨清方向，甚至把人刮倒卷走，称为暴风雪。

4.冰雪天气自救措施

①减少外出，关好门窗、紧固室外搭建物，防止家中的用水设备（水管，水箱）冻裂。

②若外出，穿戴保暖强的棉服和帽子、手套。穿好御寒防滑且通气性好的帆布、皮革鞋等。

③高热量的蛋白质、脂肪类食物应该比平常增加。

④雪地摔倒后不要急于起身，查看何处受伤。大腿和手腕骨折还能勉强活动；腰部疼痛不要随意乱动，应该尽快求救或打120。

⑤减少皮肤暴露，若有冻伤现象，应慢慢温暖患处。不可摩擦或按摩，不可以辐射热使患处温暖。温暖后的患处不宜再暴露于寒冷中。

学以致用

①冰雪灾害是如此厉害的自然灾害，人们应该怎样预防此种灾害的发生？

_____

_____

②冰雪灾害是怎样发生的？它分为哪些种类？我们在这种天气应该如何自救？

!!! 安全提醒

我国是世界上自然灾害最为严重的国家之一，灾害种类多、分布地域广、发生频率高、造成损失重。在全球气候变化的背景下，我们面临的自然灾害形势严峻复杂，灾害风险进一步加剧。从 2009 年起，国家有关部门将 5 月 12 日设立为"防灾减灾日"，就是要进一步唤起社会各界对防灾减灾工作的关注，增强全社会防灾减灾意识，普及推广防灾减灾知识和避灾自救技能，最大限度地减轻自然灾害的损失。

面对自然灾害，我们不能麻木不仁，也不能慌乱无序，每个人都应尽量按以下十个字去做，每次灾难的损失一定会降到最低。

①学：学习有关各种灾害知识和减灾知识。

②听：经常注意收听国家或地方政府和主管灾害部门发布的灾害信息，不听信谣传。

③备：根据面临灾害的发展，做好个人、家庭的各种行动准备和物质、技术准备，保护灾害监测、防护设施。

④察：注意观察研究周围的自然变异现象，有条件的话，也可以进行某些测试研究。

458

⑤报：一旦发现某种异常的自然现象，不必惊恐，但要尽快向有关部门报告，请专业部门判断。

⑥抗：灾害一旦发生，首先应该发扬大无畏精神，号召群众，组织大家和个人自救。

⑦避：灾前做好个人和家庭躲避和抗御灾害的行动安排，选好避灾的安全地方，一旦灾害发生，组织大家和个人进行避灾。

⑧断：在救灾行动中，首先要切断可能导致次生灾害的电、火、煤气等灾源。

⑨救：要学习一定的医救知识，准备一些必备药品，以在灾害期间，医疗系统不能正常工作的情况下，及时自救和救治他人。

⑩保：为减少个人和家庭的经济损失，除了个人保护以外，还要充分利用社会的防灾保险。相信随着国家减灾体制的健全，减灾能力的提高和全民每个成员的努力，一定会大幅度减少灾害损失。